VEX IQ
机器人比赛宝典

赛事与赛车全解读

王雪雁　丁　磊　邱景红 / 主编

U0387883

化学工业出版社

·北京·

内 容 简 介

《VEX IQ机器人比赛宝典：赛事与赛车全解读》面向VEX IQ机器人竞赛的参赛学生和老师，全面剖析VEX IQ机器人竞赛赛事，从赛事规则到比赛细节，均进行了全方位的解读，其中包含赛车设计与搭建、比赛场地及计分原则等，为想要取得好成绩的参赛队伍做出了明确指导。同时，本书也介绍了SnapCAD软件，并通过大量案例，让读者学懂该软件的使用方法和技巧，为设计出一部好的赛车打好基础。

本书适合对VEX IQ机器人竞赛有兴趣的学生和老师阅读参考，同时也可以作为比赛培训教练员、裁判员的教材。

图书在版编目（CIP）数据

VEX IQ 机器人比赛宝典：赛事与赛车全解读 / 王雪雁，丁磊，邱景红主编. — 北京：化学工业出版社，2023.9

ISBN 978-7-122-43674-0

Ⅰ. ①V… Ⅱ. ①王… ②丁… ③邱… Ⅲ. ①机器人－竞赛 Ⅳ. ①TP242.6

中国国家版本馆 CIP 数据核字（2023）第 111415 号

责任编辑：雷桐辉　王　烨　　　　　　　　文字编辑：温潇潇
责任校对：王鹏飞　　　　　　　　　　　　装帧设计：梧桐影

出版发行：化学工业出版社（北京市东城区青年湖南街 13 号　邮政编码 100011）
印　　装：北京尚唐印刷包装有限公司
787mm×1092mm　1/16　印张 10　字数 158 千字　2023 年 10 月北京第 1 版第 1 次印刷

购书咨询：010-64518888　　　　　　　　　售后服务：010-64518899
网　　址：http://www.cip.com.cn

编写人员名单

主编：

王雪雁　丁　磊　邱景红

参编人员：（按拼音顺序）

安绍辉　刁文水　韩学武　贾远朝　金　文　李会然

李丽姝　李　锐　吕学敏　马　郑　彭玉兵　任　辉

任哲学　史　远　苏　岩　田迎春　王科社　王玥茗

肖　明　殷　玥　张海涛　张　舰　张　志

前言

自从VEX IQ机器人套装问世以来，世界各国开展了各种级别的VEX IQ比赛，本书的主要目的是帮助教练和赛队队员在竞争激烈的VEX IQ比赛中设计可以获胜的机器人。阅读本书之前，最好先学习一些VEX IQ的系统知识。本书介绍了SnapCAD软件，学生可以使用SnapCAD软件实现设计思想。本书中的设计可作为参考，帮助赛队提升竞争力。

总结多年的带队经验，笔者发现一支赛队需要几年的比赛磨炼才能掌握获胜的技巧和技能。而有了本书的帮助，你可以更早地学习到其中的部分内容。

在VEX IQ比赛中，获胜并非最终目的，学习如何解决问题、共同克服挑战往往是赛队在比赛中最大的收获。因此，即使本书的目的是帮你设计出能获奖的赛车，也请你千万不要忘记比赛中最重要的东西——学习和快乐。

赛队在比赛中获胜的四个原则——设计、策略、操作和组织。

设计是每一个赛队在搭建机器人之前必需的思维过程。要想在比赛中获胜，赛队不仅要了解规则，而且要理解必须应对的挑战任务。

策略是机器人在比赛场地上运动的路线。你已经知道了让机器人动起来并不困难，但是在比赛中快速地完成挑战任务是机器人获得成功的关键。

操作是指队员遥控机器人进行比赛。操作需要大量练习，操作娴熟才能在比赛中获得更高的分数，是比赛取胜的基础。

任何赛队都必须有组织。一个以有效方式组织资源的赛队会发现，消除比赛中的混乱才能使赛队专注于获胜。

最后，希望你和你的赛队能在本书中找到对自己有用的内容，以对你们有所帮助。

编者

目录

第8章 SnapCAD简介

第9章 SnapCAD搭建案例

附录：搭建赛车常用零件

第 1 章

VEX机器人比赛介绍

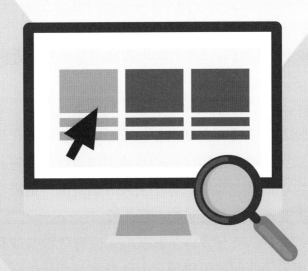

VEX机器人是美国太空总署（NASA）、美国易安信公司（EMC）、亚洲机器人联盟（Asian Robotics League）、雪佛龙、德州仪器、诺斯罗普·格鲁曼公司和其他美国公司大力支持的机器人项目。参与者可以大胆发挥自己的创意，根据当年发布的规则，用手中的工具和材料创作出自己的机器人。

VEX机器人设计系统把竞争的灵感提升到新的水平。它可作为课堂机器人教学平台，是为促进机器人学和STEM（科学、技术、工程和数学）教育知识的进步而设计的。VEX给教师和学生提供了一个适合课堂和赛场使用，且能负担得起、结实耐用、最新水平的机器人系统。VEX机器人中预制和易成形金属构件的创新使用，再加上一个动力强大和用户可编程的微处理器控制，使用户拥有无限的设计可能。

机器人教育与竞赛基金会（REC Foundation）于2007年开始举办VEX机器人世界锦标赛，吸引了数百万青少年参与，旨在提高学生对科学、技术、工程和数学（STEM）的兴趣，是一项激励全球千万学生追寻STEM教育的活动。虽然目前世界上有许多机器人比赛，但是VEX机器人用户群体较为广泛，参赛需求较为强烈。

VEX机器人比赛分为以下组别：

① VEX IQ挑战赛是面向8~14岁小学、中学生开展的STEM计划，为其提供开放式机器人研究挑战项目。

② VEX EDR是针对11~18岁的初中和高中学生所举办的规模最大、发展最快的机器人项目。

③ VEX U向18岁及以上的大学生开放，将比赛拓展到一个新的层次。

VEX机器人比赛分手动和自动两种比赛。VEX机器人比赛互动性强，对抗激烈，惊险刺激；突出机械结构、传动系统的功能设计；将创意设计和对抗性比赛有效结合；将项目管理和团队合作纳入考察范围；重视竞争和结果，更重视体验过程；为参赛者提供更真实的工程体验。

参加比赛时，参赛队要开发许多新技能来应对各种挑战和障碍。有些问题可以自己解决，而另一些问题可以通过与队友和教练员的交流来处理。参赛队将共同努力构建VEX机器人，在比赛中竞争，与别的参赛队、家人和朋友欢庆他们的胜利。经过比赛，学生们不仅可以搭建自己的参赛机器人，也加深了对科技和利用科技来积极影响周围世界的认识。此外，还可以培养他们的其他技能，如规划、集思广益、合作、团队精神、领导能力等。

第 **2** 章

如何设计一款 VEX IQ赛车

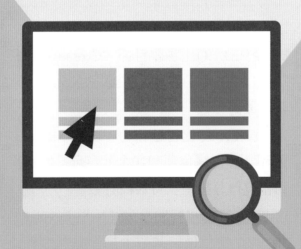

VEX机器人比赛要求参加比赛的代表队自行设计、制作机器人并进行编程。参赛的机器人既能通过程序自动控制，又能通过遥控器控制，并可以在特定的竞赛场地上，按照一定的规则要求进行比赛活动。

VEX IQ机器人比赛包括机器人技能挑战赛（Robot Skills Challenge）、编程技能挑战赛（Programming Skills Challenge）和团队协作挑战赛（Teamwork Challenge）。在团队协作挑战赛中，两台操作手控制的机器人组成联队一起完成任务。在机器人技能挑战赛中，一台机器人在操作手的控制下要获得尽可能多的分数。在编程技能挑战赛中一台机器人要自主地获得尽可能多的分数。

每年在VEX机器人世界锦标赛上都会发布下一年的VEX IQ挑战赛题目。题目发布后，在世界各地每天都有数以百计的创意赛车被开发出来。这些赛车有不同形状、大小、重量和新颖独特的组装。2014—2021年历年比赛题目如下：

① 2014—2015年度VEX IQ比赛题目为"High Rise（摩天高楼）"，比赛得分物为36个方块。比赛中赛队要把方块移动到得分区并建造与每个大楼基础相配的单一颜色的摩天高楼，队员通力合作建造最高的摩天大楼，使得分最高。

② 2015—2016年度VEX IQ比赛题目为"Bank Shot（狂飙投篮）"，比赛得分物为44个球。比赛中赛队将球收集起来，投到得分区或篮筐中得分，把机器人停在斜坡上，以获得最高分数。

③ 2016—2017年度VEX IQ比赛题目为"Crossover（极速过渡）"，比赛得分物为28个六角球。比赛中将六角球收集起来放到篮筐中获得分数，并将车停到中场桥上，以获得最高分数。

④ 2017—2018年度VEX IQ比赛题目为"Ring Master（环环相扣）"，比赛得分物为20个红色环、20个绿色环和20个蓝色环，共60个环。比赛中将红、绿、蓝环拾起来放到相应得分柱上获得最高分数。

⑤ 2018—2019年度VEX IQ比赛题目为"Next Level（更上层楼）"，比赛得分物为15个黄色桶、2个橘色桶，共17个桶。比赛中将橘桶放到柱子上，将黄桶码放到得分区，并将车挂在横杆上，以获得最高分数。

⑥ 2019—2020年度VEX IQ比赛题目为"Squared Away（天圆地方）"，比赛得分物为35个橘色球。比赛中将球收集起来放到框上，并将框和球运到得分区中，以获得最高分数。

⑦ 2020—2021年度VEX IQ比赛题目为"Rise Above（拔地而起）"，比赛

得分物为27个柱塔，其中橘色9个、紫色9个、青色9个。在比赛中堆叠更多的柱塔，以获得更高的分数。

2.1　如何设计一款赛车

VEX IQ结构件的一个优点是所有的零件都可以重复使用，它允许设计迭代，给予你几乎无限的创造机会。利用VEX IQ结构件可以搭建各种不同类型的结构，实现无限的创新设计理念。

每个竞赛题目都有自己独特的比赛规则，所有给定的竞赛题目都没有唯一的答案，那么如何设计你的赛车使它更具竞争力呢？

竞赛规则分析应该是设计的起点：竞赛机器人怎么完成这个比赛？ 以下三个问题是赛车设计者要考虑的关键问题。

① 首先要符合特定的比赛规则。

② 赛车的复杂度往往与设计者的经验和知识水平有关。

③ 考虑在参加比赛前是否有足够的时间完成赛车制作和准备比赛。

最具有竞争力的赛车通常具有结构简单、效率高、易操作的特点。

例如，在2019—2020年VEX IQ挑战赛中，如图2-1所示，采用机械手可以轻松地抓球并放到框上，但一次抓一个球，虽然结构简单，但效率低，操作难度高。如图2-2所示，采取吸球装置，可以连续吸球，并直接放到框上，效率相对较高，但赛车结构较复杂，操作难度较高。如图2-3所示，如果采用升降翻框机构，可以一次抓取4个球，效率高又易操作，但结构相对复杂。兼顾效率高和易操作性的赛车更具有竞争优势。

图2-1　机械手赛车

图2-2　吸球赛车

图2-3　升降翻框赛车

2.2 如何选择赛车底盘

机器人底盘可以通过轮子、履带或其他方法运动。在设计机器人时，首先要考虑的是使用哪种底盘。

竞赛机器人选择运动底盘时应考虑的几个问题：

① 比赛场地上是否有需要翻越或攀爬的障碍物？

履带式或更大直径的胶轮可以帮助机器人越过障碍物，而全向底盘使运动更灵活。

② 底盘是需要带动多个较重的部件，还是需要快速移动？

底盘所产生的最大速度或转矩可以通过改变不同的齿轮传动比或通过改变车轮的直径来调节。

③ 机器人设计能到达的高度或长度。

机器人到达的高度和/或伸出机械手的长度得益于较大的底盘轮距和较低的重心，小直径车轮更具优势。

④ 除了动力传动系统外，还需要多少个电机？ 一些比赛规则限制了机器人的电机数量。

VEX IQ底盘常用的有标准底盘、H形横向平移底盘、全向移动底盘和履带底盘等。根据每年的VEX IQ挑战赛规则以及参赛实战经验，赛车常用的底盘有双驱胶轮底盘、H形横向平移底盘、全向移动底盘和履带底盘共四类。

2.2.1 双驱胶轮底盘

（1）双驱4个胶轮底盘

双驱4个胶轮底盘是最常见的底盘类型之一。双驱胶轮底盘可以由两个电机驱动，这些电机可以直接为驱动轮提供动力，也可以通过齿轮、链条等进行传动。底盘也可以设计多个电机和多个轮子，根据电机数量称为四轮驱动、六轮驱动等。这种底盘一般使用各种各样的VEX胶轮，越障能力很强，但

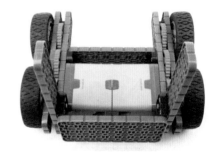

图2-4　双驱4个胶轮底盘

转向不灵活，缺乏全向移动的能力，在竞赛中很少使用，如图2-4所示。

（2）2个全向轮2个胶轮双驱底盘

为了改善车的转弯能力，将前面2个胶轮改为2个全向轮，这样既增加了车的转动灵活性，又保留了很强的越障能力，这种车在竞赛中经常使用。例如2016—2017年度VEX IQ挑战赛"极速过渡"需要跨越桥，所以许多赛车使用这样的底盘，如图2-5所示。

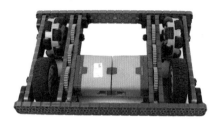

图2-5　2个全向轮2个胶轮双驱底盘

（3）4个全向轮链条传动底盘

如果赛车不要求越障能力，我们可以将4个车轮全部用全向轮，这样赛车转动就会更加灵活，转弯半径也会更小。例如2019—2020年度VEX IQ挑战赛"天圆地方"的场地没有任何障碍，收集球需要灵活转动，所以许多赛车使用这样的底盘，如图2-6所示。

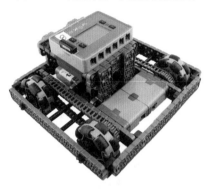

图2-6　4个全向轮链条传动底盘

（4）4个全向轮齿轮加速传动底盘

为了获得更高的分数，我们需要赛车尽可能地快，所以经常会用大齿轮带动小齿轮进行加速传动。例如2020—2021年度VEX IQ挑战赛"拔地而起"的场地堆叠柱塔赛车，由于场地比往年增大了1.5倍，为了完成更多的堆叠，赛车采用了齿轮加速传动，如图2-7所示。

图2-7　4个全向轮齿轮加速传动底盘

⚙ 2.2.2 H形横向平移底盘

（1）中间安装1个全向轮

H形横向平移底盘采用3个或5个电机，如图2-8所示，4个全向轮和第5个全向轮的轴为垂直关系。车轮的排列使这种底盘具有全向性。当机器人试图翻过障碍物时，第5个中间全向轮可能会被障碍物卡住。例如2018—2019年度

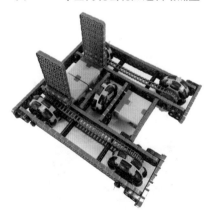

图2-8　5个全向轮平移底盘

图2-9　纵向排列6个全向轮平移底盘

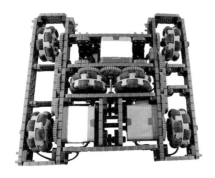

图2-10　横向排列6个全向轮平移底盘

图2-11　3轮全向移动底盘

图2-12　4轮全向移动底盘

VEX IQ挑战赛"更上层楼"场地中间有一个梁凸起，所以这个赛季的赛车不适合使用这样的底盘。

（2）中间安装2个全向轮

中间1个全向轮的底盘，常常被其余4个全向轮架空而不能实现平移运动，改进的全向底盘中间安装2个全向轮，提高中间着地面积和平移的能力。中间2个全向轮依据底盘空间布局可以纵向排列（如图2-9所示）和横向排列（如图2-10所示）。

这种H形横向平移底盘适合场地上无任何障碍，需要精确定位完成任务的比赛，例如2017—2018年度VEX IQ挑战赛"环环相扣"的赛车，在比赛过程中，需要精准拾取同一颜色的环，再将环准确地套在立柱上。这一年的主流赛车就是用这样的平移底盘。

2.2.3　全向移动底盘

全向移动底盘可以装配3个全向轮和3个电机，或者4个全向轮和4个电机。

① 3个全向轮和3个电机的全向移动底盘，其电机轴排列为120°，如图2-11所示。

② 4个全向轮和4个电机的全向移动底盘可以通过在每个角（有时称为X驱动）倾斜车轮或将驱动轮放置在驱动基座的每一侧的中心来组装，如图2-12所示。

这些全向移动底盘需要比标准底盘更复杂的运动编程代码。3轮全向移动底盘不如4轮全向移动底盘稳定。

VEX IQ挑战赛规定赛车最多只能用6个电

机，而这种布局的全向移动底盘需要至少3个电机，而且赛车的执行机构需要固定在底盘上，这种全向移动底盘较难固定和支撑其他执行机构。因此，VEX IQ竞赛机器人很少使用这种全向移动底盘。

2.2.4 履带底盘

履带底盘是标准底盘的另一个变种，它使用履带而不是车轮，如图2-13所示。履带越野车很容易越过障碍物，缺点是运动不灵活，速度慢，因此竞赛机器人很少使用这种底盘。

图2-13 履带底盘

2.3 如何设计执行机构

执行机构主要依据比赛规则进行设计，根据比赛中需要完成的任务决定执行机构的类型。赛车执行机构通常包括提升装置和拾取装置。常用的提升装置有机械臂和升降链条机构。常用的拾取结构有机械手、传送带装置、铲子结构、筐结构和钩结构等。

2.3.1 提升装置

① 齿轮传动的机械臂，如图2-14所示。
② 升降链条传动，如图2-15所示。

图2-14 机械臂

图2-15 升降链条

2.3.2 拾取装置

① 机械手。机械手结构通常附着在机械臂的末端，用于抓取物体。机械夹子如图2-16所示，机械手如图2-17所示。

② 传送带装置。传送带结构一般用于收集物体，如球、环等。履带式传送带如图2-18所示，用来收集套环。

③ 铲子结构。铲子结构用来铲场地上的物体，2016—2017年度VEX IQ挑战赛"极速过渡"场地的异形球被这样的铲子铲起放到框中非常有效。如图2-19所示，用来收集球的铲子。

图2-16　机械夹子　　　　图2-17　机械手

图2-18　履带式传送带　　　　图2-19　铲子

④ 筐结构。筐结构用于存放多个物体。2016—2017年度VEX IQ挑战赛"极速过渡"使用这样的筐可以装8个球，如图2-20所示。

⑤ 钩结构。钩结构用于钩住得分物。2020—2021年度VEX IQ挑战赛"拔地而起"使用这样的机械手可以钩住柱塔进行堆叠，采用链条传动的单钩结构如图2-21（a）所示，其优点是钩柱塔快，但不稳定。采用差速齿轮传动的双

钩结构如图2-21（b）所示，其优点是钩框速度又快又稳，两个钩只要其中之一钩住柱塔即可。

图2-20　用来存放球的筐

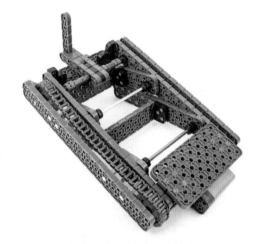

（a）链条传动的单钩结构

（b）采用差速齿轮传动的双钩结构

图2-21　钩结构

第 **3** 章

2019—2020 竞赛车设计

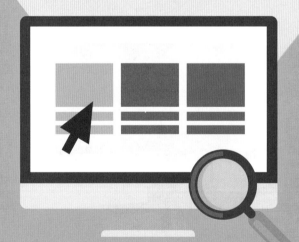

3.1 2019—2020赛季主题"Squared Away（天圆地方）"规则

3.1.1 场地

整个比赛场地，如图3-1所示，宽度为4块地板拼块，长度为8块地板拼块，共计32块场地拼块，由另外4块转角拼块和24块场地围栏围成。

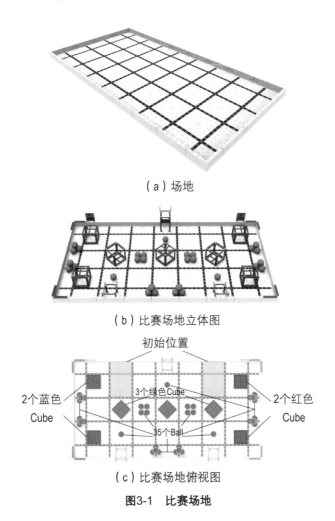

（a）场地

（b）比赛场地立体图

（c）比赛场地俯视图

图3-1　比赛场地

3.1.2 竞赛道具

① 球和立方体：球直径约为76.2mm的橙色球形塑料物体35个，如图3-2所示。边长约为177.8mm的红色、绿色或蓝色的立方体，共7个，如图3-3所示。其中2个红色立方体、2个蓝色立方体和3个绿色立方体。

图3-2　球（Ball）

图3-3　立方体（Cube）

② 4个得分区：位于地板角落的4个6in²^❶的得分区，用于放置得分立方体。黑线内边为得分区的外沿。得分区指地板部分，不是上面的三维立体空间，场地围边及黑线不是得分区的一部分。其中2个红色得分区和2个蓝色得分区，如图3-4所示。

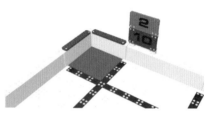

图3-4　得分区

③ 3个绿色平台：约为127.0mm或241.3mm高，用于放置立方体得分。

3.1.3 比赛

比赛分为手控技能挑战赛、自动技能挑战赛和团队协作挑战赛，技能挑战赛和团队协作挑战赛均使用相同的场地和道具。

① 手控技能挑战赛：由操作手控制场地上仅有的1台机器人的60s时段。

② 自动技能挑战赛：场地上仅有的1台机器人完成60s自动比赛时段。

③ 团队协作挑战赛：由1支联队参与操作手控制的时段，总时长为60s。

3.1.4 得分

比赛的起始位置如图3-5所示。

① 联队得分：在团队协作比赛中，预先指定的两支赛队组成联队协作比赛。在团队协作比赛中，两台机器人分别由其操作手控制，在每场比

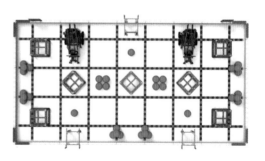

图3-5　比赛起始位置

---

❶ $1\text{in}^2 \approx 6.45\text{cm}^2$。

赛中，合作完成任务。在团队协作比赛中，两支赛队共享获得的分数。

② 技能挑战赛得分：在机器人技能挑战赛中，一台机器人获得尽可能高的分数。这些比赛包括由操作手全程操控的手控技能挑战赛和人为控制最少的自动技能挑战赛。

a. 手控技能挑战赛。在一场比赛中只有一台机器人由其操作手控制完成比赛。

b. 自动技能挑战赛。机器人仅仅由来自传感器的信息和参赛人员预先编程并输入主控制器的指令控制。没有来自VEX IQ遥控器的指令输入。

③ 比赛目标：比赛的目标是通过在得分区内放置立方体和球，获得尽可能高的分数。

3.1.5 计分

① 球计分：如图3-6所示，框内球每个球得1分；如图3-7所示，框上球每个球得2分。

② 框得分：如图3-8所示，压在得分区的红框或蓝框各得10分，两个低绿色平台上的框每个10分，如图3-9所示，高绿色平台上的框得20分。

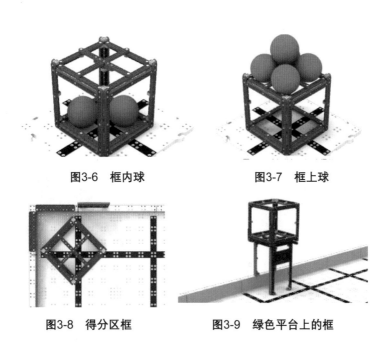

图3-6 框内球　　　　　　　　　图3-7 框上球

图3-8 得分区框　　　　　　　　图3-9 绿色平台上的框

3.2 赛车

3.2.1 赛车搭建

赛车主要由移动底盘、机械手导轨、机械手、机械手电机和勺子组成。

① 移动底盘右侧。移动底盘由12×12的方板、4×12的宽板和双格板固定，为了节省空间，齿轮直接固定在方板上，带动全向轮运动。完成图如图3-10所示。

图3-10　移动底盘右侧

② 移动底盘左侧。由于结构需要，移动底盘左侧由8×12的方板、4×12的宽板和双格板固定，齿轮直接固定在宽板上，带动全向轮运动。完成图如图3-11所示。

图3-11　移动底盘左侧

③ 机械手导轨。用单孔梁和支撑柱搭建而成，两端安装齿数为8的链轮，通过链条带动机械手上下运动。完成图如图3-12所示。

图3-12　机械手导轨

④ 机械手。电机驱动2个36齿的齿轮，带动机械手开合，由于机械手夹住框需要上高台，轴的高度刚好合适，因为高度限制，链条由小链条和履带接成，如果全部采用履带，超高履带的厚度为5mm。完成图如图3-13所示。

⑤ 机械手电机驱动。由于机械手携带框和4个球一起上高台，需要足够的动力才能完成，所以机械手采用双电机驱动。完成图如图3-14所示。

⑥ 勺子。勺子的结构根据4个球所需空间而定，在满足装4个球的情况下，受到赛车宽度限制，勺子尽可能搭建得小。完成图如图3-15所示。

⑦ 完成图。将移动底盘、轨道、勺子、机

图3-13　机械手

械手驱动和机械手装配在一起，再安装上控制器。完成图如图3-16所示。

图3-14 机械手电机驱动

图3-15 勺子

图3-16 赛车

3.2.2 知识点

① 底盘齿轮传动。由电机驱动齿数为60齿的齿轮，带动24齿的齿轮，齿轮轴直接带动后轮转动，实现加速传动，如图3-17所示。

a. 传动比为60/24=2.5，即如果电机输出速度为100，则后轮的速度为250。

b. 3个齿数为60齿的齿轮啮合传动，带动24齿的齿轮，实现后轮与前轮相同方向相同速度转动。

图3-17 底盘齿轮传动

② 机械手升降电机驱动。由双电机驱动齿数为24齿的齿轮，带动24齿的齿轮实现等比传动，24齿齿轮带动同轴的齿数为16齿的链轮转动，通过链条带动8齿的链轮转动，由链条带动机械手上下加速运动，如图3-18所示。

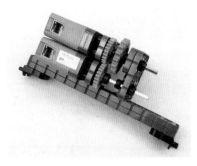

图3-18 机械手升降电机驱动

传动比为16/8=2，即如果电机输出速度为100，则机械手升降的速度为200。

3.2.3 遥控程序

【设置】电机与传感器设置，如图3-19所示：端口4-电机LeftMotor；端口5-电机RightMotor；端口1-电机leftupMotor；端口2-电机rightupMotor；端口3-电机clawMotor；端口6-电机bagMotor；遥控器-Controller。

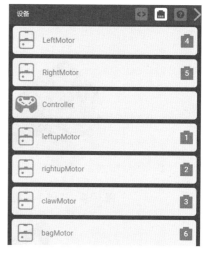

图3-19 电机与传感器设置

赛车遥控程序包括6部分：初始化程序、底盘运动遥控程序、机械手开合遥控程序、机械手升降遥控程序、扣球遥控程序、机械手翻框遥控程序。

（1）初始化程序

设置电机制动模式，左电机和右电机为刹车模式，机械手开合电机为锁住模式，机械手升降双电机为锁住模式，扣球电机为锁住模式。参考程序如图3-20所示。

（2）底盘运动遥控程序

用遥控杆CHA控制赛车前进和后退，用遥控杆CHC控制赛车左转和右转。使用遥控杆控制赛车运动时，需要设置阈值，阈值用于降低遥控杆的误差影响。阈值根据遥控器遥控杆误差大小来定，一般为5～20。当遥控杆返回值的绝对值大于阈值时，将返回值赋值给电机，否则，电机速度为0。如果不设置阈值，当赛车开机时，赛车可能会自由运动。参考程序如图3-21所示。

图3-20 初始化程序

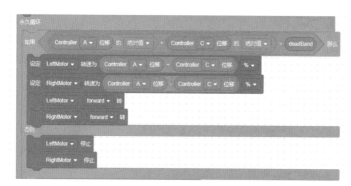

图3-21 底盘运动遥控程序

（3）机械手开合遥控程序

机械手初始位置为闭合状态，用于夹住框。夹住框的关键在于机械手一定降到最低位置。如果按下按钮E上，则机械手以100的速度张开350°，刚好夹住框即可。如果按下按钮E下，则机械手以100的速度回到初始位置，即闭合状态。参考程序如图3-22所示。

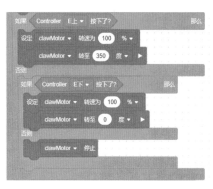

图3-22 机械手开合遥控程序

（4）机械手升降遥控程序

机械手的起始位置在最上端，机械手处于关闭状态，如果按下按钮F下，机械手以100的速度可以下降到860mm，即最低位置，实际的下降距离取决于按钮按下的时间。

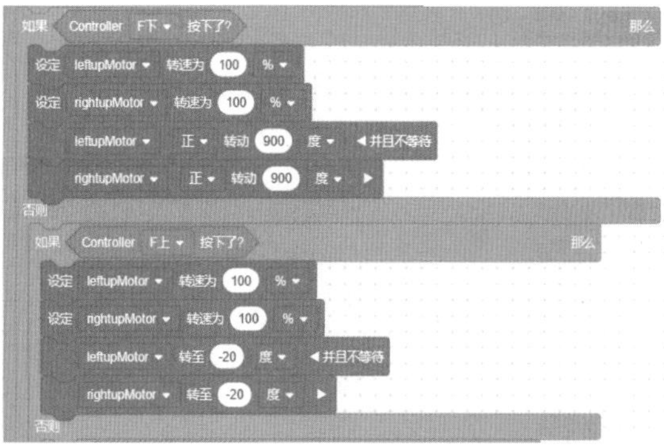

【编程分析】如果按下按钮F上，则机械手以100的速度回到初始位置。但由于有误差，机械手上升电机设置为0°，机械手实际并不能回到最上端，导致机械手上升高度不够不能将框放到高台上。所以这里将机械手上升电机设置为−20°，确保机械手上升到最上端，保证框顺利放到高台上。缺点：可能对电机有些损害，会造成电机轻微堵转，严重时会损毁电机。参考程序如图3-23所示。

图3-23 机械手升降遥控程序

（5）扣球遥控程序

按下按钮L下，勺子以100的速度扣完球后返回，如果按下按钮L上，则勺子以50的速度，将球捞到勺子中并将球扣到框上。参考程序如图3-24所示。

（6）机械手翻框遥控程序

翻框的要点是下压的速度与前进速度匹配，才能顺利将框倾翻90°。经过多次试验和

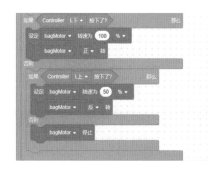

图3-24 扣球遥控程序

测试，编制一段自动程序实现连续翻框动作。当按下按钮R上，实现第一次用履带上的连接件翻框，当按下按钮R下，实现第二次用机械手下面4×8的宽板翻框。翻框的目的是在框上放置球。

第一次翻框参考程序如图3-25所示，第二次翻框参考程序如图3-26所示。

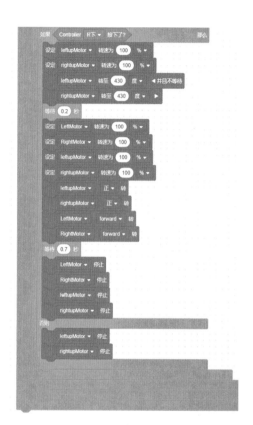

图3-25　第一次翻框参考程序　　　　　　图3-26　第二次翻框参考程序

3.3　想一想

① 测一测，机械臂下降的最大距离是多少？

② 赛车搭建中还有哪些问题？如何改进？

③ 用CHA控制机器人左电机，用CHD控制机器人右电机，用按钮F上和F下控制机械手升降，用按钮L上和L下控制机械手开合，用按钮R上和R下控制勺子扣球和返回，如何编程？

第 **4** 章

2020—2021 竞赛车设计

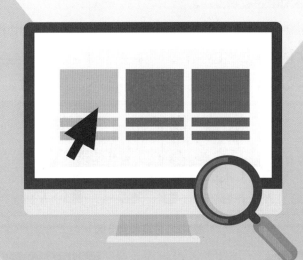

4.1	2020—2021赛季主题"Rise Above（拔地而起）"规则

4.1.1 场地

整个比赛场地，如图4-1所示，宽度为6块地板拼块，长度为8块地板拼块，共计48块场地拼块，由另外4块转角拼块和24块场地围栏围成。

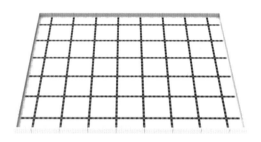

图4-1 比赛场地

4.1.2 竞赛道具

柱塔和得分区如图4-2所示。

① 柱塔。如图4-3所示，177.8mm宽，222.25mm高的橙色、紫色或青色的八角柱体，橙色9个、紫色9个、青色9个，共27个。

② 阵列。组成直线的3个得分区如图4-4所示，共有8行，如图4-5所示。

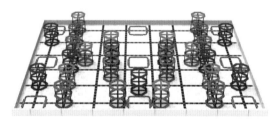

图4-2 柱塔和得分区

 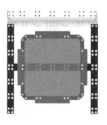 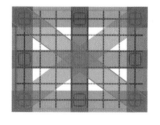

图4-3 柱塔　　　图4-4 得分区　　　图4-5 拔地而起的8个阵列示意图

4.1.3 比赛场地

图4-6为技能赛场地道具摆放位置。图4-7为团队协作赛场地道具摆放位置。

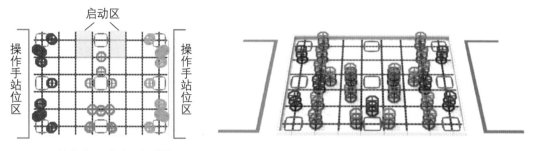

图4-6　技能赛场地道具摆放位置　　　　图4-7　团队协作赛场地道具摆放位置

4.1.4 得分

① 联队得分。图4-8所示为团队协作赛的道具初始位置和操作手位置。在团队协作比赛中，预先指定的两支赛队组成的联队协作比赛。在团队协作比赛中，两台机器人分别由其操作手控制，在每场比赛中，合作完成任务。在团队挑战赛中，两支赛队共享获得的分数。

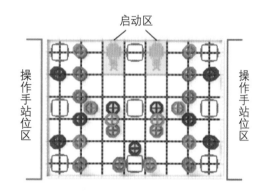

图4-8　团队协作赛场地初始位置

② 技能挑战赛得分。在机器人技能挑战赛中，一台机器人获得尽可能高的得分。这些比赛包括由操作手全程操控的手控技能挑战赛和人为控制最少的自动技能挑战赛。

a. 手控技能挑战赛。在一场比赛中只有一台机器人由其操作手控制完成比赛。

b. 自动技能挑战赛。机器人仅仅由来自传感器的信息和参赛人员预先编程并输入主控制器的指令控制。没有来自VEX IQ遥控器的指令输入。

③ 比赛目标。比赛的目标是在得分区内放置或堆叠柱塔，达成连横和堆叠，获得尽可能高的得分。

a. 连横：阵列的一种状态。当该阵列的所有3个得分区都至少有一个得分的柱塔，且此阵列中所有得分的柱塔颜色相同，即为连横，如图4-9所示。非连横如图4-10所示。

b. 堆叠：得分区的一种状态。当得分区处于连横状态，且该得分区内有3个得分的柱塔，每个得分区仅计算一次堆叠，如图4-11、图4-12所示。

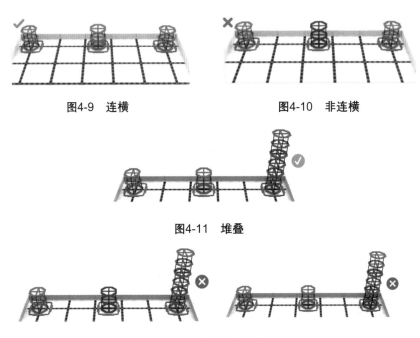

图4-9　连横　　　　　　　　　　　　图4-10　非连横

图4-11　堆叠

图4-12　非堆叠非连横

4.1.5　计分

① 每个基础柱塔计1分。

② 每个堆叠柱塔计1分。

③ 每个连横计3分。

④ 每个堆叠计30分。

4.2　赛车

4.2.1　赛车搭建

赛车主要由移动底盘、前叉结构、机械臂和机械手组成。

① 移动底盘。采用双电机驱动，电机驱动齿数为60齿的齿轮，带动齿数为

36齿的齿轮，驱动后轮，通过5个齿轮传动带动前轮，实现底盘加速运动。完成图如图4-13所示。

　　② 前叉结构。单电机带动齿数为16齿的链轮，通过链条带动齿数为32齿的链轮转动，从而带动前叉向上和向下运动，携带基础柱塔并放置在得分区。完成图如图4-14所示。

　　③ 机械臂。双电机驱动12齿的齿轮，带动60齿的齿轮，实现减速传动，增加机械臂的力量。完成图如图4-15所示。

　　④ 机械手。机械手由一个电机驱动16齿的链轮，通过链条带动齿数为16齿的链轮，再带动用90°弯梁搭建的钩子，使钩子钩住柱塔和松开柱塔。完成图如图4-16所示。

　　⑤ 完成图。将移动底盘、前叉结构、机械臂和机械手装配在一起，再安装上控制器。完成图如图4-17所示。

图4-13　移动底盘

图4-14　前叉结构

图4-15　机械臂

图4-16　机械手

图4-17　赛车

4.2.2 知识点

① 底盘齿轮传动。由电机驱动齿数为60齿的齿轮，带动36齿的齿轮，齿轮轴直接带动后轮转动，实现加速传动，如图4-18所示。

图4-18　底盘齿轮传动

a. 传动比为60/36=1.67，即如果电机输出速度为100，则后轮的速度为167。

b. 5个齿数为36齿的齿轮啮合传动，实现后轮与前轮相同方向相同速度转动。

② 机械臂齿轮传动。机械臂电机驱动齿数为12齿的齿轮，带动60齿的齿轮实现减速传动，如图4-19所示。

a. 传动比为12/60=0.2，即如果电机输出速度为100，则机械臂转动的速度为20。

图4-19　机械臂齿轮传动

b. 齿轮采用双齿轮，目的是防止齿轮错齿。大齿轮轴与小齿轮轴之间安装1×4单孔梁，目的是防止齿轮脱齿。

4.2.3 遥控程序

【设置】电机和传感器设置如图4-20所示：端口1-LeftMotor；端口7-RightMotor；端口2-leftarmMotor；端口8-rightarmMotor；端口9-upMotor；端口5-clawMotor；遥控器-Controller。

赛车遥控程序分为5部分：初始化程序、底盘移动遥控程序、机械臂升降遥控程序、机械手开合遥控程序和前叉升降遥控程序。

（1）初始化程序

① 设置所有电机的制动模式，赛车底盘驱动左电机和右电机设置为刹车模式，机械臂的左电机和右电机设置为锁住模式，机械手电机设置为锁住模式，前叉电机设置为锁住模式。

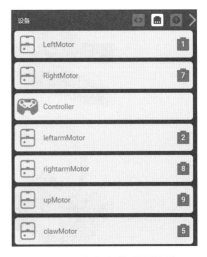

图4-20　电机和传感器设置

② 将电机编码器重置为0。

③ 设置遥控手柄的阈值为15，用来消除遥控手柄的误差。

参考程序如图4-21所示。

图4-21 初始化程序

（2）底盘移动遥控程序

① 用CHA控制赛车前进和后退，当遥控手柄的遥控杆CHA的返回值的绝对值大于阈值15时，则将值赋给底盘的左电机和右电机。

② 用CHC控制赛车左转和右转，当遥控手柄的遥控杆CHC的返回值的绝对值大于阈值15时，则将值赋给底盘的左电机和右电机。如果让遥控杆CHC向左拨动，赛车向左转，则将值取负赋给左电机，取正赋给右电机。如果让遥控杆CHC向右拨动，赛车向右转，将值取正赋给左电机，取负赋给右电机。

参考程序如图4-22所示。

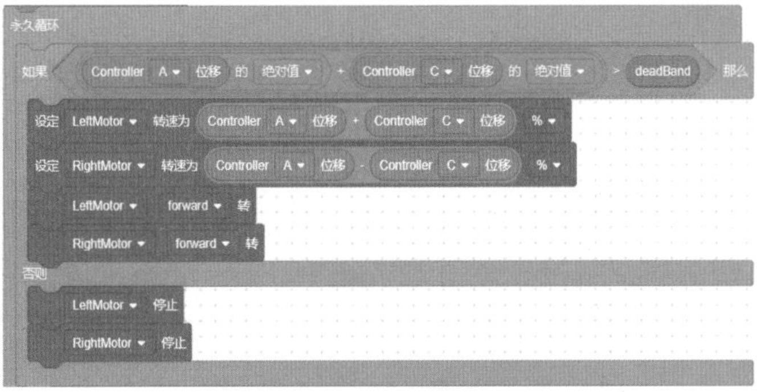

图4-22 底盘移动遥控程序

（3）机械臂升降遥控程序

① 用按钮R上控制机械臂升到高出一个柱塔50mm左右的高度。

② 用按钮R下控制机械臂升到正好一个柱塔高度位置处，将钩住的2个柱塔放在基础柱塔上。

③ 用按钮F上控制机械臂升到可以钩到两个叠在一起的柱塔的顶面位置处。

④ 用按钮F下控制机械臂回到初始位置。

参考程序如图4-23所示。

图4-23　机械臂升降遥控程序

（4）机械手开合遥控程序

① 用按钮L上和L下控制机械手开合。

② 机械臂初始位置在上面，用按钮L下控制机械手向下转动，钩住柱塔。

③ 用按钮L上控制机械手向上转动，回到初始位置，松开柱塔。

参考程序如图4-24所示。

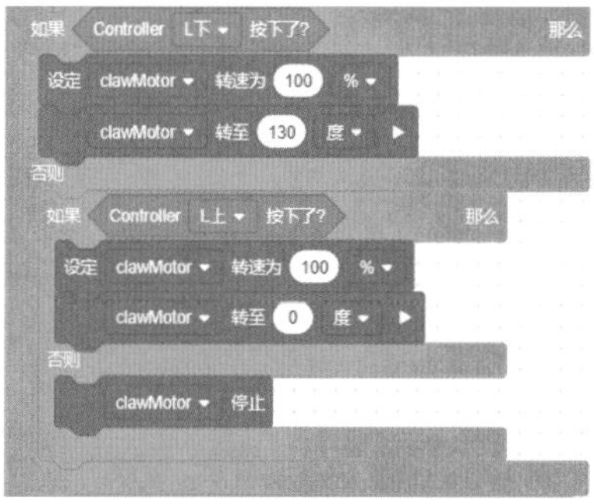

图4-24　机械手开合遥控程序

（5）前叉升降遥控程序

① 用按钮E上和E下控制前叉抬起和放下。

② 前叉起始位置为刚好叉进一个基础柱塔的中间板之下的位置，用按钮E上控制前叉向上转动，可以挑起基础柱塔，携带基础柱塔到得分区。

③ 用按钮E下控制前叉回到初始位置。

参考程序如图4-25所示。

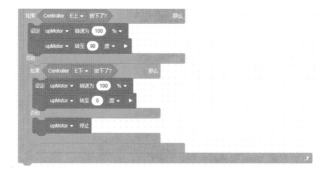

图4-25　前叉升降遥控程序

4.2.4 自动程序

（1）70分自动程序

装上TouchLED传感器作为开关。靠电机编码器的返回值控制赛车转动角度。为了保证赛车运动的重复性和一致性，在控制时间60s以内的情况下，电机速度越低越好。根据调试经验，转弯速度小于等于30，直行速度小于等于50时，赛车自动程序完成的一致性较好。

【70分自动程序思路】

步骤一：初始化程序包括设置电机制动模式和重置编码器。

步骤二：完成右侧第一个得分区的3个柱塔。

步骤三：将中间一个基础柱塔推到第二个得分区。

步骤四：完成右侧第三个得分区的3个柱塔。

【设置】电机与传感器设置如图4-26所示：端口1，端口7-Drivetrain；端口2-leftarmMotor；端口8-rightarmMotor；端口9-upMotor；端口5-clawMotor；端口12-触屏传感器TouchLED。

① 初始化子程序。包括设置电机制动模式和重置编码器，参考程序如图4-27所示。

图4-26 电机与传感器设置 　　图4-27 70分自动程序的初始化子程序

② 堆叠第一个得分区的3个青色柱塔程序块：完成右侧第一个得分区的3个柱塔，参考程序如图4-28所示。

③ 推第二个青色基础柱塔程序块：将中间一个基础柱塔推到第二个得分区，参考程序如图4-29所示。

④ 堆叠第三个得分区的三个青色柱塔程序块：完成右侧第三个得分区的3个柱塔，参考程序如图4-30所示。

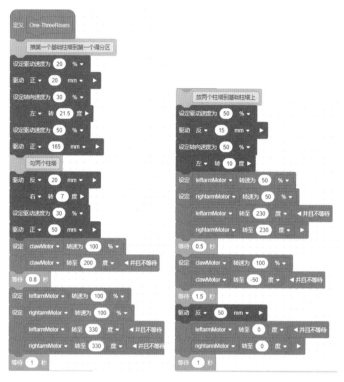

图4-28　堆叠第一个得分区的3个青色柱塔程序块

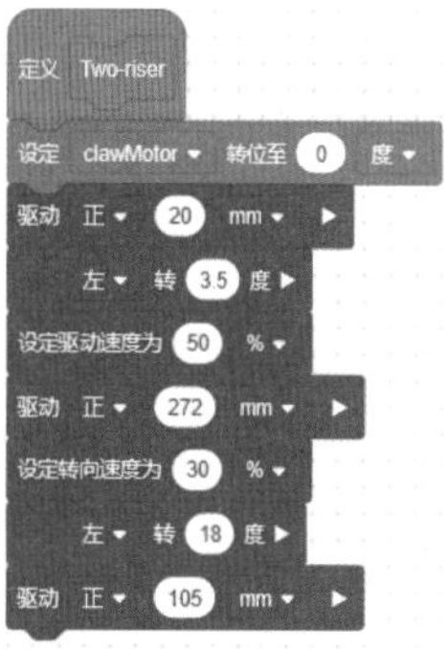

图4-29　推第二个青色基础
　　　　柱塔程序块

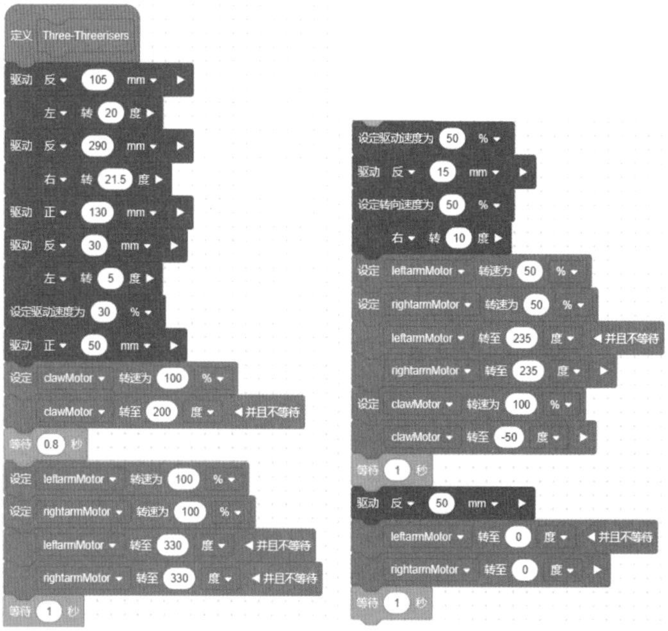

图4-30　堆叠第三个得分区的三个青色柱塔程序块

（2）140分自动程序

安装TouchLED传感器作为开关，140分自动程序需要完成左边和右边各70分的柱塔堆叠任务，因此需要赛车速度尽可能快，为了保证赛车转弯的一致性，在赛车上安装一个陀螺仪，控制赛车转动的角度。陀螺仪尽可能安装在赛车的转动中心上。因为全向轮可以横向移动，造成赛车起步速度过快引起赛车走偏，为了保证赛车高速直行和高速转弯的准确性，采用匀加速启动和匀减速停止，转弯接近转弯角度时慢速转弯到指定度数。

【140分自动程序思路】

140分程序分成4段程序完成。

·第一段程序：按下TouchLED，完成左边第一个得分区3个柱塔的堆叠。

步骤一：从左边起始位置出发，将左边2个柱塔钩起。

步骤二：推左边1个基础柱塔到第一个得分区。

步骤三：将2个柱塔放在基础柱塔上。

·第二段程序：按下TouchLED，将左边中间基础柱塔推到第二个得分区，然后完成左边第三个得分区的3个柱塔的堆叠。

步骤一：从左边起始位置出发，推中间第二个基础柱塔。

步骤二：将最后的左边2个柱塔钩起。

步骤三：推左边1个基础柱塔到第三个得分区。

步骤四：将左边2个柱塔放在第三个得分区的基础柱塔上。

·第三段程序：按下TouchLED，完成右边第一个得分区3个柱塔的堆叠。

步骤一：从右边起始位置出发，将右边2个柱塔钩起。

步骤二：推右边1个基础柱塔到第一个得分区。

步骤三：将2个柱塔放在基础柱塔上。

·第四段程序：按下TouchLED，将右边中间基础柱塔推到第二个得分区，然后完成右边第三个得分区的3个柱塔的堆叠。

步骤一：从右边起始位置出发，推中间第二个基础柱塔。

步骤二：将最后的右边2个柱塔钩起。

步骤三：推右边1个基础柱塔到第三个得分区。

步骤四：将右边2个柱塔放在第三个得分区的基础柱塔上。

【设置】电机与传感器设置如图4-31所示：端口1-leftMotor；端口2-leftarmMotor；端口8-rightarmMotor；端口7-rightMotor；端口9-upMotor；端口

5-clawMotor；端口12-触屏传感器TouchLED；端口6-陀螺仪传感器Gyro。

① 初始化子程序。设置电机制动模式和重置电机编码器。初始化子程序块如图4-32所示，参考程序如图4-33所示。

② 以一定速度（nSpeed）直行一定时间（nTime毫秒）子程序块如图4-34所示。

图4-31　电机与传感器设置

图4-33　初始化子程序

图4-32　初始化子程序块

图4-34　直行一定时间子程序块

【编程思路】

直行采用匀加速起步，匀减速停止，保证赛车走直线。

·首先将时间分为50份，前5份为加速时间，中间40份为匀速时间，后5份为减速时间。间隔时间nTimeTemp=nTime/50。

·加速过程分5次，由0加速到nSpeed，递增速度为nSpeedTemp=nSpeed/5。

·减速过程分5次，由nSpeed减速到0，递减速度为nSpeedTemp=nSpeed/5。

·为了补偿电机制造误差，增加一个比例因子，用来调整左右电机速度的差别。如果没有速度差，则nFactor=100。

参考程序如图4-35所示。

③ 直行一定距离（毫米）子程序块，如图4-36所示。

【编程思路】

·首先将距离（毫米）折合成电机转动的度数。全向轮周长为200mm，电机驱动60齿的齿轮，带动36齿的齿轮，实现加速运动，加速比为60/36=5/3。则电机度数=[距离（毫米）/200（毫米）]×3/5。

·用左电机编码器控制电机转动的度数来实现赛车精确走一定的距离。如果遇到障碍始终达不到需要走的距离，可能造成赛车不能执行下面的程序，所以增加一个预估的最大时间，超过这个时间，认为出现意外状况，报警并继续执行下面的语句。

参考程序如图4-37所示。

④ 使用陀螺仪控制转动角度子程序块，如图4-38所示。

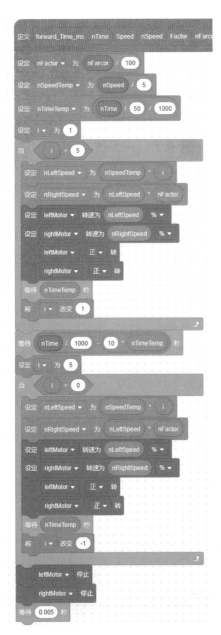

图4-35 直行一定时间子程序

图4-36 直行一定距离子程序块

图4-37 直行一定距离子程序

图4-38 转动角度子程序块

使用陀螺仪控制转动角度，当遇到意外状况一直不能达到需要的角度时，预先估计需要的最长时间，如果超过这个时间认为赛车出现意外状况，报警并继续向下执行。左右电机速度可以相同，也可以不同。例如：如果赛车以赛车中心旋转，电机速度相同，一个电机正转一个电机反转；如果赛车以某一个车轮转动，则其中一个电机速度设为0即可。参考程序如图4-39所示。

⑤ 机械臂升降子程序。利用时间控制机械臂达到一定的角度，将等待时间（单位毫秒）除以1000转换为秒。参考程序如图4-40所示。

⑥ 机械手开合子程序。利用时间控制机械手达到一定的角度，将等待时间（单位毫秒）除以1000转换为秒。参考程序如图4-41所示。

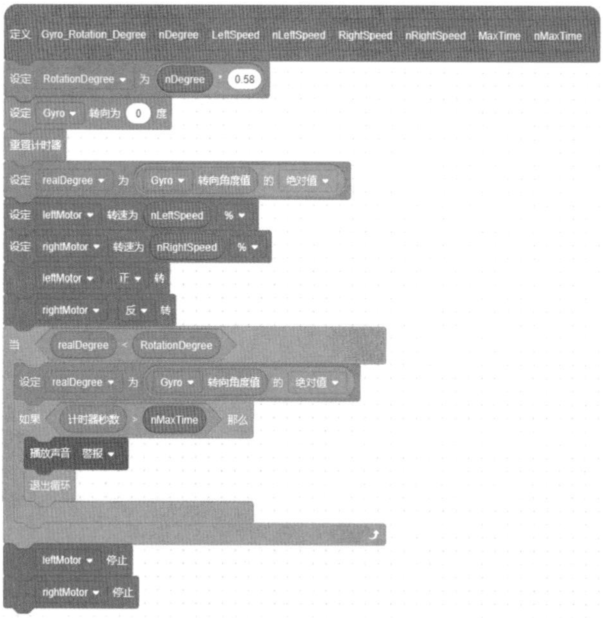

图4-39　转动角度子程序

图4-40　机械臂升降子程序

图4-41　机械手开合子程序

⑦ 等待TouchLED按下子程序。启动程序，TouchLED显示绿色，当按下TouchLED后，TouchLED显示蓝色。将此子程序作为每一段程序的开关。参考程序如图4-42所示。

⑧ 走曲线子程序。赛车走曲线可以顺利将基础柱塔推进得分区。参考程序如图4-43所示。

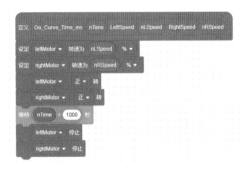

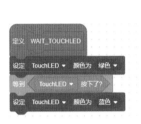

图4-42　等待TouchLED按
　　　　下子程序

图4-43　走曲线子程序

根据本自动程序的特点，为了简化自动程序，使程序易于调试和修改，定义了以下程序块。

① 设置电机速度程序块：高速、中速、低速和转弯速度，如图4-44所示。

② 前进、后退一定时间程序块，如图4-45所示。

③ 前进、后退一定距离程序块，如图4-46所示。

④ 走左曲线、右曲线一定时间程序块，如图4-47所示。

⑤ 左转、右转一定角度程序块，如图4-48所示。

⑥ 以某一个轮子为支点左转、右转一定角度程序块，如图4-49所示。

⑦ 机械臂抬到最高位置、中等位置和初始位置程序块，如图4-50所示。

⑧ 机械手向下转动的最大角度位置：200°，初始位置：0°，如图4-51所示。

（a）高速　　（b）中速

（c）低速　　（d）转弯

图4-44　电机速度程序块

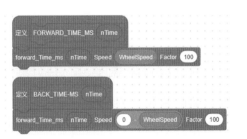

图4-45　前进、后退一定时间程序块

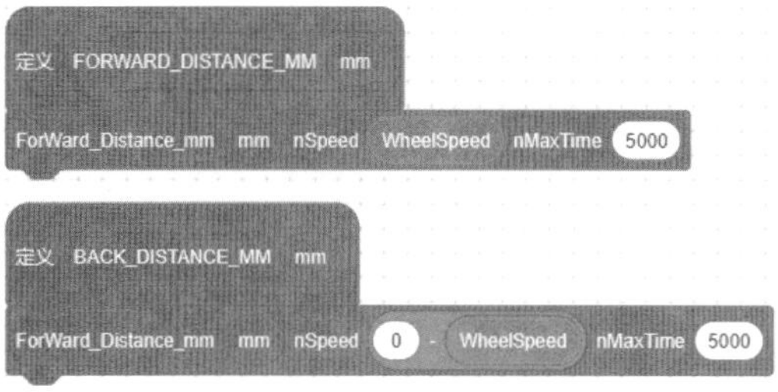

图4-46　前进、后退一定距离程序块 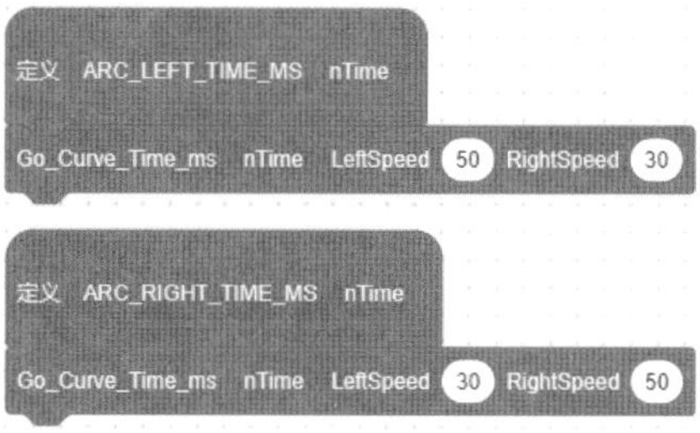　　　图4-47　走左曲线、右曲线一定时间程序块

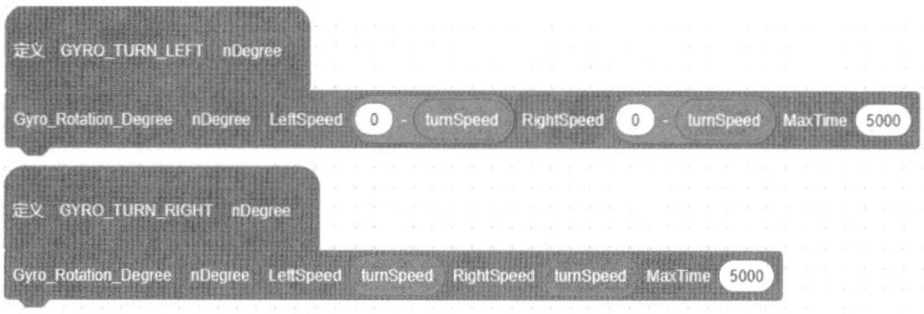

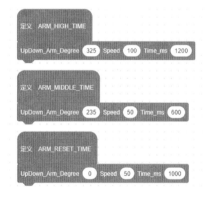

图4-48　左转、右转一定角度程序块

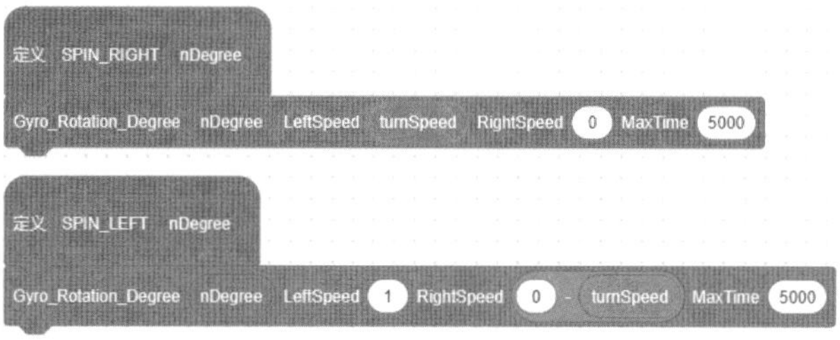

图4-49　以某一个轮子为支点左转、右转一定角度程序块

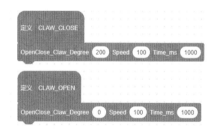

图4-50　机械臂位置程序块　　　图4-51　机械手向下转动的最大角度位置程序块

　　下面为分段自动程序，一共分为4段，每一段自动程序完成后，需要手动将赛车放置在起始位置。

　　第一段自动程序：完成右侧青色第一个得分区3个柱塔的堆叠。

　　第二段自动程序：将右侧中间青色基础柱塔推到得分区，并完成第三个得分区3个柱塔的堆叠。

第三段自动程序：完成左侧紫色第一个得分区3个柱塔的堆叠。

第四段自动程序：将左侧中间紫色基础柱塔推到得分区，并完成第三个得分区3个柱塔的堆叠。

第一段自动程序如图4-52所示。

第二段自动程序如图4-53所示。

第三段自动程序如图4-54所示。

第四段自动程序如图4-55所示。

主程序如图4-56所示。

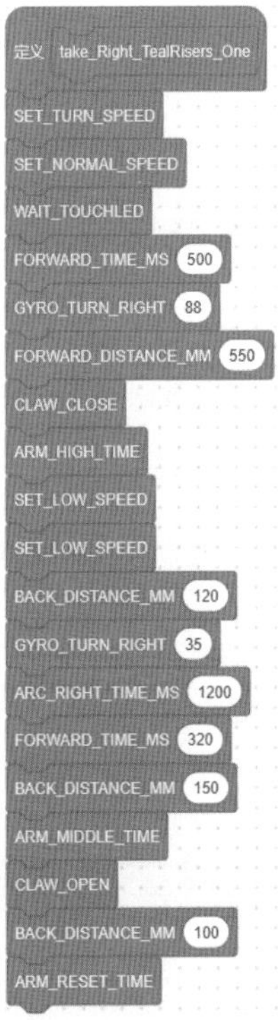

图4-52 第一段自动程序

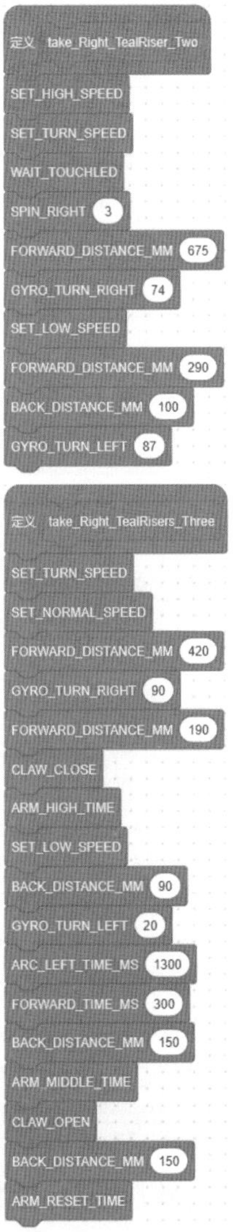

图4-53 第二段自动程序

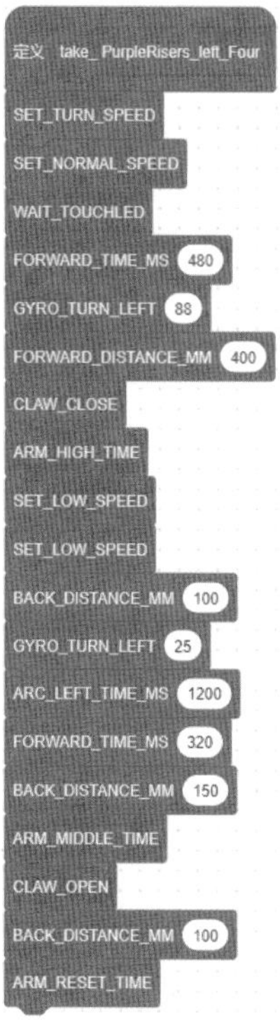

图4-54　第三段自动
程序

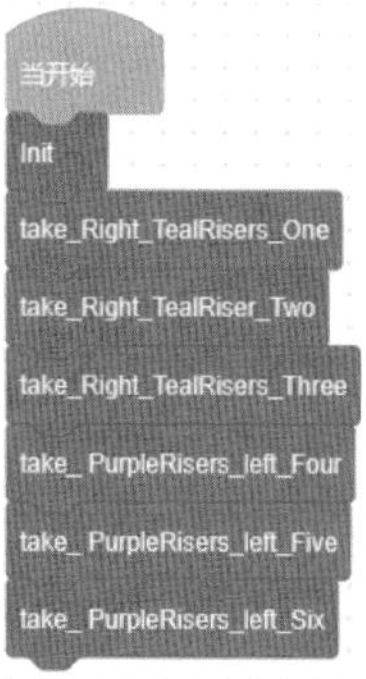

图4-56　主程序

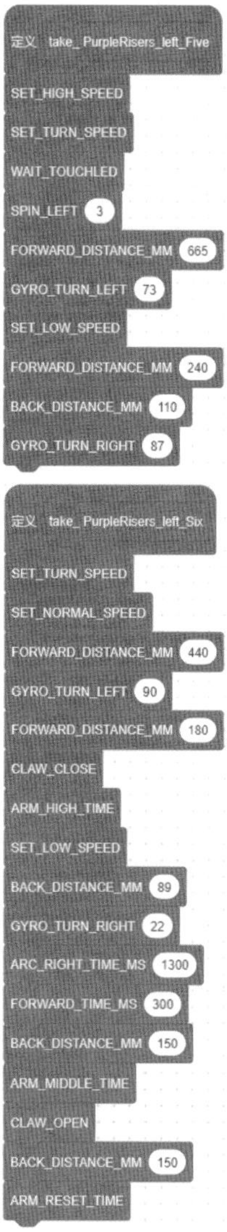

图4-55　第四段自动
程序

4.3　想一想

① 测一测，赛车从场地一边走到另一边需要多长时间？

② 赛车搭建中还有哪些问题？如何改进？

③ 如果自动程序在1min内完成204分，如何编程？

第 5 章

2021—2022
竞赛车设计

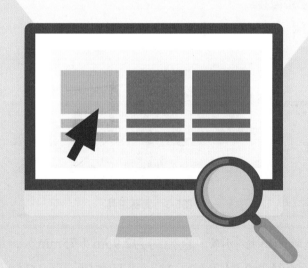

5.1 2021—2022赛季主题 "Pitching in （百发百中）" 规则

5.1.1 场地

整个比赛场地，如图5-1所示，宽度为6块地板拼块，长度为8块地板拼块，共计48块场地拼块，由另外4块转角拼块和24块场地围栏围成。初始场地布局如图5-2所示。

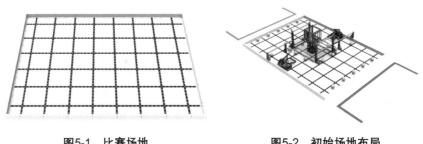

图5-1　比赛场地　　　　　　　　图5-2　初始场地布局

5.1.2 竞赛道具

竞赛道具由球、悬挂杆和球筐组成，如图5-3所示。

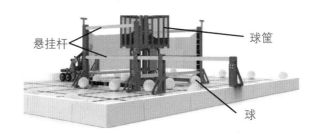

图5-3　竞赛道具

① 球：黄色软质球形物体，直径约为2.95in（75mm），质量约为25g。

② 悬挂杆：直径为0.84in（21.3mm）且与Starting Corral平行的青色PVC（聚氯乙烯）管。最高的一组悬挂杆的底边高出地板15.5in（393.7mm）；较低的一组悬挂杆的底边高出地板7.5in（190.5mm）。

③ 球筐：由VEX IQ零件及透明塑料片构成的悬于场地中心上方的立方体形状的结构。

5.1.3 计分

① 高分区：如图5-4所示的黄色框，透明立方体内，透明立方体下方的绿色及粉色VEX IQ零件组成的支撑结构，不是高分区的一部分。

② 低分区：如图5-5所示的黄色区域，在场地中心，围绕高分区的区域。低分区的两面被透明塑料片围住，另外两面被青色PVC管（聚氯乙烯管）的外边沿及安装在地板上的VEX IQ零件围住。这些塑料片、PVC管及VEX IQ零件视为低分区的一部分。

③ 低挂：如机器人接触任意一根悬挂杆，不接触地板且不被任何球支撑，则视为低挂。裁判可以通过在机器人和地板之间滑动一张纸来判断机器人是否为低挂。

④ 高挂：如机器人接触任意一根悬挂杆、未被球支撑，高于场地围栏固定的悬挂杆底平面，则视为高挂。裁判可通过在机器人下方滑动一个15孔长度的VEX IQ零件（如一根1×15单孔梁）来判断机器人是否为高挂。

⑤ 计分：清空场地边5个球得5分；低分区每个球得1分；高分区内每个球得3分；低挂得6分；高挂得10分。

图5-4　高分区

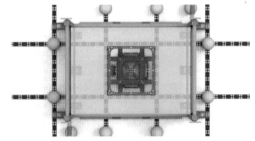

图5-5　低分区

5.2 赛车

5.2.1 赛车搭建

赛车主要由移动底盘、射门机构、吸球机构和机械臂组成。

① 移动底盘。采用双电机驱动，电机驱动齿数为48齿的齿轮，带动齿数为24齿的齿轮，驱动后轮，实现底盘2倍的加速运动。完成图如图5-6所示。

② 射门机构。双电机带动齿数为36齿的齿轮，带动齿数60的齿轮，实现射门任务。完成图如图5-7所示。

③ 吸球机构。电机驱动24齿的齿轮，带动2个24齿的齿轮，带动16齿的链轮，通过链条再带动1个16齿的链轮，带动吸球滚轮转动，完成吸球任务。完成图如图5-8所示。

图5-6　移动底盘

④ 机械臂。电机驱动12齿的齿轮，带动60齿的齿轮，同时带动同轴的12齿的齿轮，再带动60齿的齿轮，实现减速传动，增加机械臂的力量。完成图如图5-9所示。

⑤ 完成图。将移动底盘、射门机构、吸球机构和机械臂装配在一起，再安装上控制器。完成图如图5-10所示。

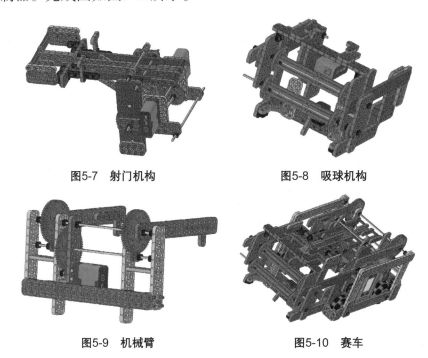

图5-7　射门机构　　　　　　　　图5-8　吸球机构

图5-9　机械臂　　　　　　　　图5-10　赛车

5.2.2 知识点

① 底盘齿轮传动。由电机驱动齿数为48齿的齿轮，带动24齿的齿轮，实现加速传动，如图5-11所示。

a. 传动比为48/24=2，即如果电机输出速度为100，则后轮的速度为200。

b. 5个齿轮啮合传动，实现后轮与前轮相同方向相同速度转动。

② 机械臂齿轮传动。机械臂电机驱动齿数为12齿的齿轮，带动60齿的齿轮实现减速传动，同轴12齿的齿轮带动60齿的齿轮，实现双级减速，如图5-12所示。

a. 传动比为（12/60）×（12/60）=0.04，即如果电机输出速度为100，则机械臂转动的速度为4。

b. 齿轮采用双齿轮，目的是防止齿轮错齿。大齿轮轴与小齿轮轴之间安装1×4单孔梁，目的是防止齿轮脱齿。

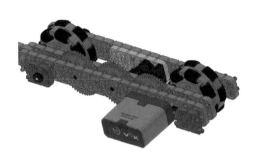 

图5-11 底盘齿轮传动　　　　　图5-12 机械臂齿轮传动

5.2.3 遥控程序

【设置】电机和传感器设置如图5-13所示：端口5-LeftMotor；端口4-RightMotor；端口1-LeftArmMotor；端口2-RightArmMotor；端口3-UpMotor；端口8-XQMotor；端口7-Bumper7；遥控器-Controller。

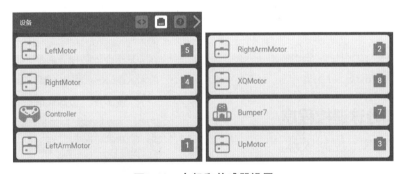

图5-13 电机和传感器设置

赛车遥控程序分为5部分：初始化程序、底盘运动遥控程序、射门和等待球遥控程序、吸球吐球遥控程序和机械臂升降遥控程序。

（1）初始化程序

① 设置所有电机的制动模式，赛车底盘驱动左电机LeftMotor和右电机RightMotor设置为刹车模式，射门的左电机LeftArmMotor和右电机RightArmMotor

设置为锁住模式，吸球电机XQMotor设置为刹车模式，机械臂电机UpMotor设置为锁住模式。

② 设置遥控手柄的阈值deadBand=10，用来消除遥控手柄的误差。

参考程序如图5-14所示。

图5-14　初始化程序

（2）底盘运动遥控程序

① 用CHA控制赛车前进和后退，当遥控手柄的遥控杆CHA的返回值的绝对值大于阈值15时，则将值赋给底盘左电机和右电机。

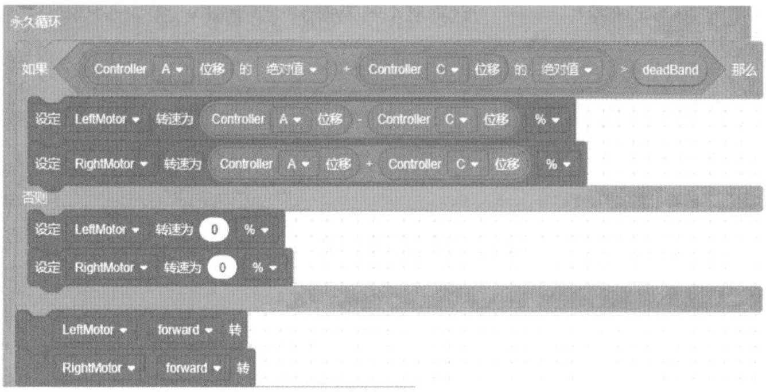

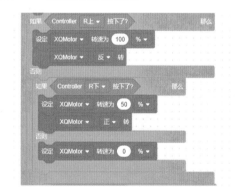

图5-15　底盘运动遥控程序

② 用CHC控制赛车左转和右转，当遥控手柄的遥控杆CHC的返回值的绝对值大于阈值15时，则将值赋给底盘左电机和右电机，如果让遥控杆CHC向左拨动，赛车向左转，则将值取正赋给左电机。如果让遥控杆CHC向右拨动，赛车向右转，则将值取负赋给右电机。

参考程序如图5-15所示。

（3）吸球和吐球遥控程序

① 用按钮R上控制吸球。
② 用按钮R下控制吐球。
参考程序如图5-16所示。

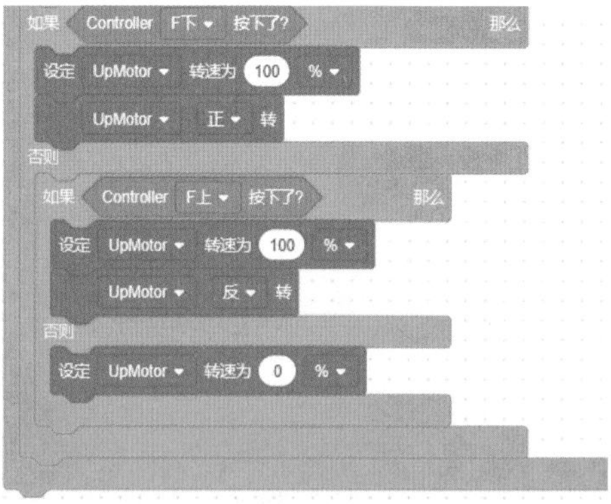

图5-16　吸球和吐球遥控程序

（4）机械臂升降遥控程序

① 用按钮F上控制机械臂上升。
② 用按钮F下控制机械臂下降。
参考程序如图5-17所示。

图5-17　机械臂升降遥控程序

（5）射门和等待球遥控程序

① 用按钮L上控制发射球。

② 用按钮L下控制等待球。

参考程序如图5-18所示。

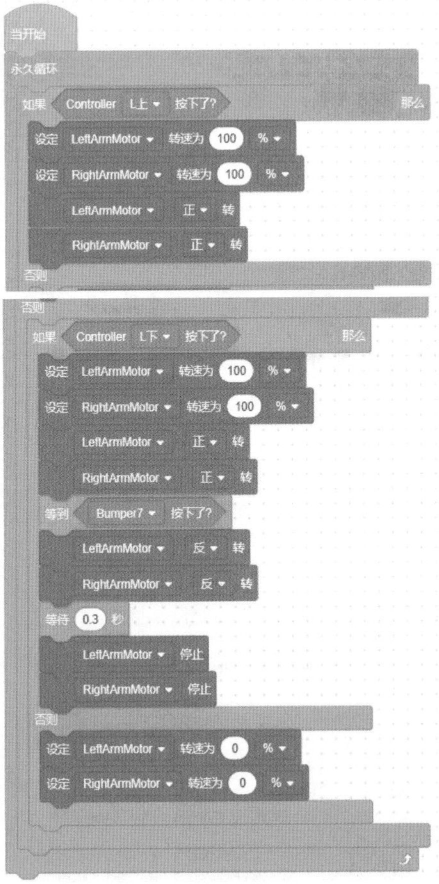

图5-18　射门和等待球遥控程序

5.3　想一想

① 测一测，赛车从场地一边走到另一边需要多长时间？

② 赛车搭建中还有哪些问题？如何改进？

③ 如何编写自动程序？需要哪些传感器？

第 **6** 章

VEX IQ工程日志

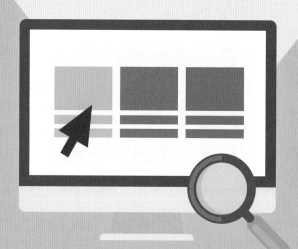

6.1 工程日志的意义

工程日志是赛队全体队员共同书写的，用以记录赛队赛车设计过程以及准备比赛的经历的文件。工程日志是参加VEX IQ比赛在报到时必须提交的文件，一本内容详细、全面的工程日志也是评审10个单项奖的前提条件。

6.2 工程日志的内容

工程日志中包括目录、赛队会议记录、设计概念和草图、图片、比赛记录、赛队成员的观察和想法、赛队组织实践以及任何其他赛队认为有用的文档。工程日志还应记录某项目管理做法，包括人员、财务和时间资源的管理。

①封面内容：队伍名称，队号，学校或机构，日期。

②队员介绍：团队合影，队员年龄、年级，队员分工，团队口号。

③规则分析：简述与赛车设计有关的规则，通过规则分析，确定赛车需要具有的功能，例如2020—2021年"拔地而起"主题，比赛内容是堆叠3个柱塔。因此，赛车需要具备移动功能、拾取柱塔和码垛功能。

④方案设计：首先通过查找资料，参考历年赛车设计，确定几个方案，并将每个人的想法用草图表示出来，通过团队讨论，确定几种可行方案，分工搭建不同方案并进行测试，看能否完成比赛任务。通过多次试搭和改进，最终确定一种最优可行性方案。例如2020—2021年的VEX IQ比赛，移动功能可以由全向轮底盘，也可以由平移全向轮底盘实现，码垛功能可以由机械臂式结构实现，也可以由链条升降式结构实现，拾取功能可以由钩式结构实现，也可以由夹抱式结构实现。多种模块不同的组合可以搭建不同的赛车。

⑤结构设计：赛车一般根据功能分为几部分进行搭建，然后将几个部件组装在一起，这样便于维修和改进。赛车通常分为移动底盘、提升装置和拾取装置等三部分。

a. 日志中需要详细记录赛车的搭建过程，附上赛车各部分结构图片，并对结构加注释说明，记录赛车的阶段搭建成果，标注完成日期。通过不断测试，会不断地发现赛车的问题，每解决一个问题，赛车都会得到进一步的改进，直到可以参加比赛。

b. 通过参加比赛，学习其他赛队的赛车的优点，赛后再对赛车做进一步的改进，因此一辆高性能的赛车，是一个不断迭代的过程。日志中需要体现赛车的改进过程，明确记录是第几代赛车，每一代赛车的改进内容是什么，如何改进的，改进后功能有哪些提高。划分赛车为第几代时，可以将第一次参加比赛的赛车划分为第一代赛车，每次对赛车进行实质性的改进，赛车的性能有明显提高，则可以称为下一代赛车。

⑥ 程序设计：遥控程序和自动程序设计。遥控程序设计根据队员操作习惯，首先分配遥控按钮，然后进行功能程序设计。遥控程序可以打印出来，加以注释和说明，贴在日志中。自动程序设计会调试不同的得分程序。自动程序一般比较长，应该分段说明完成的内容、得分情况和执行时间。需要详细描述自动程序调试过程，调试中出现的问题和解决的方法。评估自动程序的成功率、自动程序的影响因素、如何消除不确定因素等。

⑦ 训练记录：记录训练过程，分数的提高过程。每一次的常规训练时间、训练内容、训练方法、出现的问题、训练强度以及训练情绪变化等都可以记录在日志中。记录赛前模拟训练过程。

⑧ 比赛过程：记录资格赛过程，例如比赛策略、比赛经验以及决赛情况等。

⑨ 工程日志记录要详细、全面，按照时间顺序书写。详细的程度应该达到，任何一个人都可以通过工程日志了解赛车设计过程，按照日志内容就可以顺利搭建一辆你们赛队的赛车。

6.3 书写工程日志注意事项

① 工程日志需要手写。

② 第一页的团队介绍和分工很重要。

③ 规则分析不能只是抄写规则，应该从规则中得出结论。

④ 方案设计中，要体现如何使用头脑风暴法，各抒己见，构思赛车结构，并用草图绘制原理图或某些关键部件图。

⑤ 赛车结构更新换代，记录每一次改进，并明确表明是第几代赛车，结构有哪些改进，如何改进的，改进后提高了赛车哪些性能，日志中至少体现赛车改进了5代。

⑥ 每一页的书写都要图文并茂，用彩色笔绘制出功能区或者需要引起评委

关注的说明等。图片粘贴需要从整体布局，不一定总是正贴，也可以斜贴，注释的文字要工整，整页看起来赏心悦目，就像PPT的文稿一样，既美观、有童趣，又有内容。

⑦ 工程日志最好是多个队员共同书写。工程日志就像日记一样，记录团队每一次的活动时间、地点、内容。

⑧ 遥控程序、自动程序可以打印出来粘贴在日志上，加以手写注释和说明。程序说明可以注释每一句功能，也可以一段程序一起注释说明。一定要展示你的编程思想，编程中遇到的难题等，充分体现这些程序是队员独立完成的，而不是由老师来写的。

⑨ 最好用表格方式记录每次训练的成绩，从时间顺序上可以看出，团队训练是有效的，比赛得分是递增的。训练包括日常训练和赛前集训。

⑩ 不要随意撕掉工程日志中的某一页，即使它们包含错误。最好使用官方提供的四分格式笔记本，即使平时为了分工书写日志，用活页纸来书写，在提交工程日志时也需要装订完好。

⑪ 一本有机会获得全能奖和设计奖的工程日志要在200页以上。只有获得全能奖和设计奖的队伍，才有资格在世锦赛上提交工程日志，才有机会赢得世锦赛的全能奖。

6.4 工程日志评审标准

每个工程日志都是通过赛队的一致努力编写而成的，用以记录他们的设计决策。大型竞赛设计奖获得者以及全能奖获得者可能会晋级区域锦标赛，所以赛队应该尽早启动工程日志的编写并经常更新。

① 工程是一个迭代过程，学生通过设计过程的各个阶段识别和定义问题，进行头脑风暴，测试他们的设计，继续改进他们的设计，并继续这个过程，直到找到一个解决方案。在这个过程中，学生将遇到难题，遇到成功和失败，并学习许多知识。学生应该在他们的工程日志中记录这种赛车设计的迭代过程。

② 工程日志是一个收录赛队所做工作的载体，因此它可以作为经验教训和最佳实践指南。

③ RFC Foundation提供的机器人工程日志本，提示了做一本良好的工程日志的注意事项，也列举了良好的范例。最好使用四分格式笔记本写工程日志，

不要用编辑笔记本。赛队编号应该在封面上。日志本应该用墨水书写，使用单线标出错误。页面应该编号，并且条目应按时间顺序排列，每个页面由学生签名。附加材料（如计算机代码或CAD图纸）应粘贴到日志本中。不要从日志本中删除页面，即使它们包含错误。

④ 在VEX世锦赛中，只有那些以前在官方资格赛中获得全能奖或设计奖的队伍才有资格提交工程日志供评审审查。赛队将在报到时提交工程日志本。评审将使用设计奖量化表的第一项工程日志质量对工程日志进行审核。选出具有高质量工程日志本的赛队后，下一步评审会在赛队备战区对学生进行访谈和讨论。评审在每次面试完成后会在奖项量化表中进行记录和打分。评审利用填写完的量化表来帮助确定各种单项奖获得者。在VEX世锦赛中，不要求赛队在固定时间等候评审访谈。

6.5 全能奖工程日志样例

① 队员风采介绍图片，如图6-1所示。

② 头脑风暴图片，如图6-2所示。

③ 赛车设计图片。

a. 底盘设计，如图6-3所示。

b. 机械臂设计，如图6-4所示。

图6-1 队员风采介绍图片

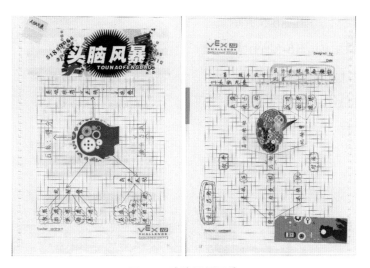

图6-2　头脑风暴图片

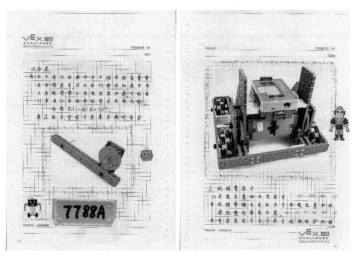

图6-3　底盘设计

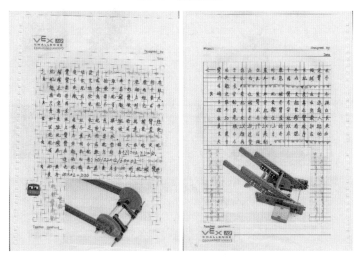

图6-4　机械臂设计

c. 机械手设计，如图6-5所示。

d. 改进设计，如图6-6所示。

④ 程序设计，如图6-7所示。

⑤ 训练和总结，如图6-8所示。

⑥ 比赛过程，如图6-9所示。

图6-5　机械手设计

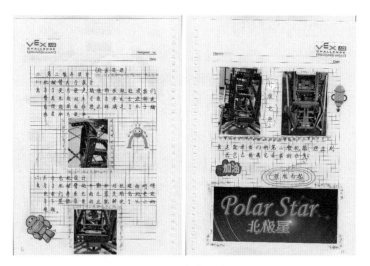

图6-6　改进设计

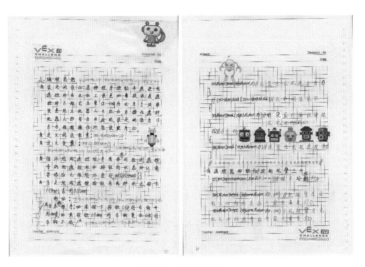

图6-7　程序设计

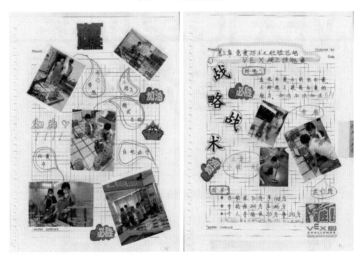

图6-8　训练和总结

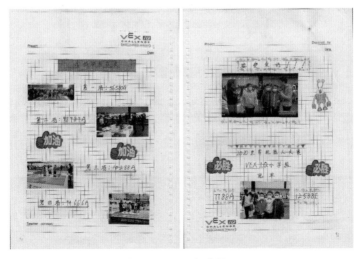

图6-9　比赛过程

第 7 章

VEX IQ单项奖
评审介绍

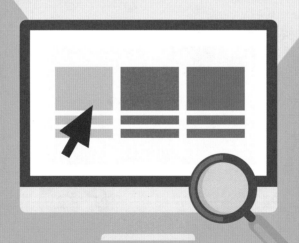

VEX IQ单项奖有：全能奖、设计奖、精彩奖、建造奖、创意奖、活力奖、创新奖、评审奖、运动精神奖和巧思奖。表7-1是对各个奖项的基本要求。

表7-1　奖项基本要求

奖项	要求
全能奖	赛队具有较高的联赛和技能赛水平，工程日志记录详细，脉络清晰，赛车设计与编程具有较高的水平
设计奖	赛队组织能力强和赛车结构设计专业、项目和时间管理有效的优秀赛队
精彩奖	赛队机器人结构令人惊奇、坚固并且能获得高分
建造奖	机器人结构坚固精巧
创意奖	机器人应用的工程解决方案有创意
活力奖	赛队非常有活力
创新奖	赛队具有开创性思维，能进行创新工程设计
评审奖	赛队有值得被特别认可的贡献
运动精神奖	团队在比赛过程中非常有礼貌及热情
巧思奖	机器人的自动编程令人印象深刻且非常有效

7.1　相关的概念

（1）以学生为中心的赛队

机器人教育与竞赛基金会（RFC Foundation）旨在提高青少年兴趣，使其更多地参与到科学、技术、工程和数学（STEM）中来，鼓励青少年更多地加入到国际性的以课程为基础的机器人工程项目中，这些项目都是需要亲身实践的、可持续的，也是青少年们能够负担的。这些项目以青少年为中心，评审员在其中扮演了非常重要的角色。允许老师、教练或父母提供指导，以及在机器人的设计、搭建或编程过程中帮助学生。但是倘若成年人参与了机器人的大部分工作，或是在根本没有学生的情况下搭建完成机器人都是坚决不可接受的，这种情况明显限制了学生认知能力和主人翁责任感的发展。

评审员在比赛现场有机会通过观察和采访的形式来鉴别赛队、学校以及培训机构是否努力以学生为中心，并且确保他们理解此项目的最终目的是强调重视学习过程，而不是不惜一切代价只为赢取比赛。评审员以及赛事组委会的工作人员，都应该辨别出那些不以学生为中心的赛队。

例如：

·参赛机器人完全是由成年人搭建，也有可能是由高年级学生和培训机构的教练（例如高中学生帮初中组赛队搭建机器人）搭建的。

·两支或两支以上的赛队的机器人完全雷同（也称克隆机器人）。

·成年人因学生表现不佳或没能很好地完成比赛而训斥他们，或是因分数较低而一味责怪其他赛队，并没有给予正面的、积极的建议。

对于已经明显发现未以学生为中心的赛队不可颁发奖项。

（2）团队表现

机器人教育与竞赛基金会（RFC Foundation）认为，所有参赛学生、成年人应展现积极向上、互相尊重以及道德高尚的一面，这同样也是VEX机器人竞赛中的精髓所在。因此，评审在评定VEX机器人竞赛奖项时要综合考虑所有赛队成员，无论是学生还是成年人的表现。

（3）备战区

备战区通常被赛队作为他们比赛当天的基地。该区域通常会为赛队提供一张桌子以放置所有机器人、笔记本电脑、电池以及其他VEX组件。备战区同样也相当于赛队的工作区域。这是一个非常好的采访区域，赛队人员都处于非正式的环境，也更为放松。VEX世界锦标赛的评审通常会选择在备战区来采访赛队以评定大部分的奖项。此外，大规模的比赛中，赛队也许有少数队员留守备战区，其他队员往往都聚集在比赛看台周围。如果一开始无法在备战区找到他们，可以尝试留张便条告诉他们评审员很希望和他们聊聊，待会儿会再过来。

（4）竞赛区

VEX IQ比赛通常在竞赛区内长度为44in×88in[1]的场地上展开，每场比赛为1min、由裁判计分。赛队通常经历资格赛和决赛。在竞赛区，评审们能够很好地观察赛队以及他们机器人的实际表现。评审花时间观看比赛也能有机会借此验证赛队在接受采访以及论述时回答的真实性。通过在竞赛区观看比赛还能近距离感受每一个赛队的队员精神以及感染力。

---

❶ 1in ≈ 25.4mm。

7.2 单项奖评审标准

（1）精彩奖（Amaze Award）

精彩奖授予能够搭建一个惊人的、能获得高分和有竞争力的机器人的赛队，机器人能够清晰展示整体实力。关键标准为：

① 机器人设计必须始终保持高分和竞争力。

② 机器人有坚实的机械设计、坚固的机构，并借此完成设计任务。

③ 无论是自动模式还是遥控模式，编程都能和所有传感器保持高效集成。

④ 团队合作、面试质量以及赛队专业精神。

（2）建造奖（Build Award）

建造奖授予机器人设计精巧、结构坚固，在保护机器人自身安全和细节上投入很多精力的赛队。关键标准为：

① 机器人结构搭建稳定、坚固、材料使用合理、具有一定的专业水平。运动部件具有传动系统，机器人由不同的部件装配而成。

② 机器人有效利用机械和电子配件。

③ 机器人设计简洁，注重安全和细节。

④ 机器人在比赛的竞争环境中能彰显其可靠性。

⑤ 团队合作、面试质量以及赛队的专业性。

（3）创意奖（Create Award）

创意奖授予能将创意工程解决方案始终应用于本赛季的主题设计中的赛队。关键标准为：

① 机器人构思巧妙、设计解决方案独特，体现创意性思维。

② 赛队展现了创意性工程设计和方法。

③ 赛队致力于以进取和创造性的方式参加比赛。

④ 团队合作、面试质量以及赛队专业性。

（4）活力奖（Energy Award）

活力奖考察的是赛队在比赛期间展示的热情。获奖赛队在整个比赛过程中展示出无限的激情和活力，无论是在备战区、赛场还是观众席，即使在非比赛时间内同样展现活力。关键标准为：

① 赛队在比赛期间，始终保持高水平的热情和活力。

② 赛队的比赛热情和机器人丰富了其他参赛人员的赛事体验。

③ 团队合作、面试质量以及赛队专业性。

（5）创新奖（Innovate Award）

创新奖授予在设计机器人时表现出独创性和创新性的强大综合能力的赛队，本奖项通常会授予一个独特的、特定的工程解决方案，它能体现开创性思维和创新工程设计的结合。机器人的工程也应当是工程设计解决方案的一部分，能够解决VRC竞赛中的复杂问题。关键标准为：

① 机器人设计展现了巧妙和创新的工程设计。

② 创新功能是精心设计的并且能有效解决设计问题。

③ 创新的解决方案是精心设计的机器人的不可或缺的一部分。

④ 学生理解并能够解释创新功能的必要性。该奖项不是为了创新而创新，而是为了卓越而创新。

⑤ 团队合作、面试结果以及赛队专业性。

（6）评审奖（Judges Award）

评审奖应授予评审认为应该得到特别鼓励的赛队。评审考量此奖项的一系列可能的标准，包括特殊赛队展示、具有示范性以及在比赛中坚持不懈，或者赛队的成就和在整个赛季中的努力，可能不适用于现有奖项，但仍应得到特别的肯定。

（7）运动精神奖（Sportsmanship Award）

运动精神奖授予比赛中获得志愿者和其他赛队的尊重和赞赏的赛队。VEX世锦赛利用投票产生本奖项。关键标准为：

① 赛队成员有礼貌、乐于助人、尊重比赛中或赛场内外的每个人。

② 赛队本着友好竞争和合作的精神对待赛场上的其他人。

③ 赛队尊重并乐于帮助比赛工作人员和观众。

④ 赛队在整个比赛过程中表现出激情和热情。

（8）巧思奖（Think Award）

巧思奖授予在竞赛中成功利用自动编程模式的赛队。关键标准为：

① 所有编程简洁并易于理解。

② 赛队能阐述为解决比赛中的挑战而编写程序的策略。

③ 赛队能展示编程管理过程，包括版本历史记录。

④ 赛队的自动代码是一致并可靠的。赛队的自动程序使用高级语言编程，且利用传感器保证自动比赛顺利完成并取得高分。

⑤ 团队合作、面试质量以及赛队专业性。

（9）设计奖

设计奖应颁发给团队组织能力强和赛车结构设计专业、项目和时间管理有效的优秀赛队。只有提交工程日志的赛队才有资格获得设计奖。主要评审标准为：

① 工程日志能够清晰、完整体现赛车的结构设计和迭代过程。

② 赛队能够解释整个赛季中，他们的程序设计及比赛策略。

③ 赛队能展示人员安排、时间管理、资源管理。

④ 团队合作、访谈质量以及赛队的专业精神。

设计奖量化加分标准：

① 设计奖排名前5位的决赛队可得到设计奖排名分数（1分）。

② 团队协作资格赛排名前8位的赛队可得到资格赛排名分数（1分）。

③ 机器人技能挑战赛排名前10位的赛队可得到机器人技能赛排名分数（1分）。每个赛队的编程和机器人操控最高分累加为机器人技能分数。参加机器人技能挑战赛少于15支赛队的赛事应把机器人技能挑战赛排名分数颁给机器人技能挑战赛排名前5位的赛队（1分）。

④ 评审排名为每个评选赛队入围的评审奖项（最多4分，每入围一个评审奖提名可得1分）。

（10）全能奖

全能奖是VEX机器人竞赛最高奖项。这个奖项颁给一支搭建高水准机器人且编程有上佳表现的赛队，这支赛队在各个评审奖项里都是有力的竞争者。获得全能奖的赛队必须要有工程日志。关键评审标准为：

① 赢得全能奖的赛队不一定要赢得竞赛，但是至少在评审排名里有竞争力。

② 很多小型赛事可能没有机器人技能挑战赛或者只向赛队颁发为数不多的评审奖。如果这样的话，评审应该通过考察每个赛队的工程日志、赛场表现和

团队活力来决定全能奖的归属。在小型赛事里，设计奖排名前5的赛队应被考虑作为全能奖的候选赛队。

③ 在大型赛事里，评审可根据全能奖量化加分标准来确定全能奖的归属。全能奖量化加分标准：

a. 入围设计奖（可加1分）。

b. 团队协作资格赛排名前8（可加1分）。

c. 机器人技能挑战赛排名前10名（可加1分）。

d. 所有其他奖项栏目里的评审表现（可加4分）。

总之，全能奖颁给在VEX机器人比赛中各方面表现优秀的赛队。在整个赛季里，获得全能奖的赛队有直接晋级更高级别比赛的资格。VEX世锦赛中，如果来自一所学校或机构的某一支赛队获得了全能奖，那么此奖项将会颁发给整个机构，而不仅仅只颁给一支赛队。每支入围赛队都会被单独进行全能奖访谈。

7.3 访谈内容

① 在面试赛队之前，查看工程日志及设计奖量化表。

② 如果赛队不能理解或回答访谈问题，要转换提问的方式或语言。

③ 尽量使用开放性提问，鼓励赛队阐述。

④ 学生可能会紧张。比赛已经对学生造成压力，提问关于机器人的问题可以帮助他们放松。

⑤ 评审需要和学生沟通，而不是成人。经常会有成人希望回答评审的问题，这时，评审应礼貌地提醒成人，他们是在和学生沟通，成人的回答是不会被采纳的。

⑥ 当与年龄幼小的学生沟通时，最好保持微笑和单腿跪地的姿势。这让评审和学生的高度接近，能帮助他们放松。

⑦ 尽可能让更多的赛队成员加入到访谈中。

⑧ 评审能够影响学生，几句鼓励的话可以鼓舞他们一天。尝试让每个赛队在比赛中都可以有积极的感觉。

⑨ 为每支赛队的机器人拍照，并且拍摄清楚队号牌，这样方便在评审过程中确认赛队和机器人。

⑩ 如果找不到赛队，请在准备区使用"抱歉，我们没有遇到你"的纸条。

⑪ 面试赛队后，要在其准备区标上彩色圆点，以表示已经面试过此队。

7.4 提问的问题示例

① 请告诉我你的机器人是如何工作的？

② 你认为机器人什么地方最值得你骄傲？为什么？在设计机器人之前，你们认为此次比赛主题的挑战是什么？为了应对这些挑战，你是如何设计机器人的？

③ 你的战术是否有效？为什么？

④ 在自动比赛时，机器人是怎么工作的？谁编的程序？

⑤ 什么使你的机器人在今年的比赛中更有效率？

⑥ 是否使用了传感器？它们是怎么工作的？在自动比赛中是怎么工作的？在遥控模式下如何工作？

⑦ 根据目前机器人的表现，你希望再改进哪些部分？

⑧ 你的机器人设计是否由其他机器人启发？

⑨ 你的机器人有多少子程序？谁负责编写？

7.5 评审量化标准表

评分标准表见表7-2，赛队评分表见表7-3。

表7-2 评分标准表

标准	最优	一般	待提高	打分
设计过程：规则分析	在工程日志的开篇，用文字或图片阐述比赛规则，并阐述为了完成比赛，团队搭建赛车的目标	在工程日志的开篇，仅描述比赛规则的内容	未明确写出比赛规则的内容	
设计过程：头脑风暴	通过头脑风暴，形成一个应对比赛的可行性方案，并有设计方案草图	罗列出应对比赛的各种赛车搭建方案和进程	仅有一小部分或完全没有罗列出头脑风暴的结果	
设计过程：方案选择	详细阐述此方案为什么被采纳，其他方案为什么未被采纳。阐述方案的优缺点	仅阐述了此方案为什么被采纳	没有记录团队为什么选择此方案	

续表

标准	最优	一般	待提高	打分
设计过程：搭建与编程	详细记录了搭建及编程过程。详细的过程能够使非团队成员仅参考工程日志就可以搭建机器人	只记录了搭建及编程的关键步骤	漏记部分重要的搭建和编程步骤	
调试和改进过程	详细阐述赛车故障排除、调试和改进设计的所有过程	记录重要的故障排除、测试和改进设计的结果	缺乏对故障排除、测试和改进设计的信息记录	
工程日志的可参考性	对赛队设计过程详细描述，读者可以据此重新搭建机器人。工程日志是一个有用的工程工具，它能体现赛队根据比赛规则设计机器人的过程	只是一个完整的记录过程，记录每个工作会议的关键事件。日志包含了赛队所有成员需要的信息	缺少或缺乏读者理解赛队搭建过程所需的细节，或者没有以外部人员能够理解的方式编写	
资源合理利用	在整体项目时间表上能显示赛队有效利用时间。赛队通过检查计划完成情况来了解机器人搭建进度，并根据需要重新调整计划。工程日志能够显示赛队根据队员优势进行角色分配的情况	记录赛队每天工作是如何利用时间、规划和设定目标的。它能展现赛队是如何利用人力资源管理来进行任务分配的	没有记录如何进行时间分配和人员分配	
团队合作	记录所有成员的参与情况，个别队员需要自我学习以完成需要完成的任务。所有队员始终共享想法，并尊重彼此的意见	表明所有队员都参与了这个过程。每个队员做了应该做的工作，并且整个赛队共享想法，并支持其他成员的想法	表明可能部分队员做了大多数或所有的工作。有一名或多名成员必须要他人提醒，或部分队员没有提出自己的想法或他们的想法没有被考虑	
设计比赛过程	学生描述设计比赛过程的得分目标以及如何应对挑战赛	学生提出设计比赛过程的可能目标，但没有清楚地回答赛队如何应对挑战	学生未提出设计过程的任务目标，也不能描述赛队如何应对挑战	
比赛策略	学生描述了多种比赛策略，解释了当前比赛策略的优缺点和采纳的原因	学生只描述他们目前的比赛策略，仅解释了如何或为什么选择当前比赛策略	学生未描述任何比赛策略，未解释为什么或如何选择当前的比赛策略	
访谈：团队合作表现	学生描述了每位队员对于赛车设计和比赛战略的贡献	学生描述了部分队员为赛车设计和比赛战略做的贡献	学生仅描述了1~2位队员为赛车设计和比赛策略做的贡献	

续表

标准	最优	一般	待提高	打分
访谈：回答问题表现	所有队员独立回答评审的问题	队员相互支持，以回答评审的问题	仅靠一到两名队员回答所有问题	
访谈：队员礼仪	学生以尊重和礼貌的方式回答评审的问题，确保每个队员都有机会发言	学生以尊重和礼貌的方式回答评审的问题	学生未以尊重和礼貌的方式回答问题	

表7-3　**赛队评分表**

队号	设计奖排名可加1分	资格赛排名可加1分	机器人技能挑战赛排名可加1分	所有其他奖项栏目里的评审表现可加1分	总分

7.6　评审

评审在VRC比赛中处于被信任的位置，为了确保评审过程对所有赛队公平、有效、积极，评审应该做到以下三点：

① 保密：评审过程通常是对赛队的坦率讨论。所有讨论必须保密，评审团队应采取预防措施，以确保所有讨论不会被赛队或其他赛事参与者听到。

② 公正性：告知评审顾问或赛事伙伴任何可能的利益冲突，自觉不参与针对可能有利益牵涉赛队的所有讨论和决定。

③ 全心投入：在与学生和评审团讨论的过程中，须全身心投入，应避免打电话或与旁人交谈。请积极参与学生访谈及评审过程。不要与学生单独相处，应至少有一名评审陪同。

（1）评审要求

① 阅读评审手册，包括附带的评审量化表。

② 了解比赛、比赛描述及比赛手册。

③ 熟知队伍的挑战任务是从技术层面评估机器人的关键。

④ 知晓比赛的地点、赛程、赛队名单、比赛奖项设置。

⑤ 穿着舒适、包脚趾的鞋子及商务休闲装，服饰不应有任何赛队的信息。

⑥ 告知评审顾问可能的利益冲突。与赛队有关的评审不会被取消评审资格，但是，他们不应该穿着该赛队的服饰，并应避免面试自己的赛队。尽可能回避与自己有利益冲突的赛队的讨论。

（2）评审内容

① 阅读和评审赛队提交的工程日志。使用评审量化表，评审工程日志和评审老师对赛队的评语。

② 在合适的区域面试学生及参与赛队沟通，每个赛队面试10～15min，这通常在备战战区中完成。如需更多信息，请向评审顾问询问。

③ 如果几次到备战区都无法找到该赛队，请在他们的桌上留下便签告诉他们评审员很希望可以和他们聊聊，待会儿会再过来。评审顾问应该有这些便签标准模板。

④ 使用开放性问题，鼓励学生用对话的方式阐述他们的信息。要让他们知道评审员对学生所说的内容感兴趣。通常，以"如何做""为什么这样做"为引领问题。

⑤ 要做好笔记，以作为评估、判断和审议的依据。要确保笔记不写在评分表上，并在评审结束后交给评审顾问。

⑥ 要对面试的赛队进行排名。只需按照队伍排名顺序保留评分表或笔记。通常，在评议过程中需要对面试过的前25%的团队排名，但有时需要为设计奖和STEM研究项目排名更多的团队。

⑦ 尽量参加开幕式和颁奖仪式。

⑧ 与评审顾问分享所有的问题和顾虑。

（3）评奖过程

① 通过评审列出或者分享出各个奖项下赛队的排名。通常每个评审会先列出各个奖项排名前五的赛队或者整个参加评审赛队的前25%的赛队作为候选获奖赛队。每个评审评出的候选赛队都应公示。评审根据量化评分，以投票方式确定每种奖项获得者。

② 与其他评审合作并决定各个奖项的归属。

③ 请牢记，在评审中会经常出现关于各个赛队的坦率讨论，因此，评审过程是一个保密的过程。评审的讨论只能在评审室进行。只有评审才能进入评审室。

④ 不参与和自己有利益冲突赛队的评审。

⑤ 与评审顾问分享所有的问题和顾虑。

⑥ 在评审结束后向评审顾问归还所有的量化表、评审记录和相关材料。

总之，各个奖项尽可能地广泛、公平地颁发给不同的赛队。一个赛队只能获得一个评审奖。任何已经获得团队协作比赛奖项或技能挑战赛奖项的队伍，除了全能奖以外没有参与评审奖的资格。单独颁发给教练或导师的奖项不影响队伍参与评审奖的资格。

第 **8** 章

SnapCAD
简介

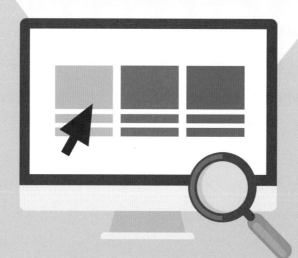

SnapCAD是一款免费的三维数字化搭建软件,可以从官网免费下载。在实际搭建机器人之前,先使用SnapCAD进行虚拟搭建,来测试每一个创新设计,还可以用SnapCAD设计自己的专用零件,并用3D打印机打印出来用在赛车上。还可以用SnapCAD产生搭建步骤与他人共享。

8.1 SnapCAD的安装

步骤1:下载软件SnapCAD-Installer-20170620. exe,双击此软件开始安装,如图8-1所示。

步骤2:如图8-2所示,单击"Next"。

步骤3:如图8-3所示,SnapCAD安装程序会询问您要将程序安装到哪里。单击"Next"安装到默认位置(推荐),也可以选择将其安装到任何需要的位置。

图8-1 下载安装包

步骤4:如图8-4所示,准备安装程序,单击"Install"。

步骤5:如图8-5所示,安装程序将对计算机进行必要的更改,以使程序正常工作。此过程可能需要几分钟。完成后,单击"Finish"完成安装。

图8-2 单击"Next"

图8-3 设置安装位置

图8-4 安装程序

图8-5 安装完成

8.2 SnapCAD界面介绍

SnapCAD软件界面如图8-6所示，分为主菜单，零件目录，零件预览窗，项目模型零件列表窗，模型的主视图、俯视图、左视图和三维视图等几部分。现在可以使用SnapCAD程序构建自己的VEX IQ模型了。

图8-6　SnapCAD软件界面

主菜单：所有关于建模的命令均可以从主菜单中找到。

零件目录：零件目录中包含VEX IQ中所有的零件，可以根据零件分类寻找需要的零件。

快捷键：可以利用快捷键快速建模。

图层：可以分层创建模型。

① 主菜单，如图8-7所示。

② 文件（File）菜单，如图8-8所示。

③ 编辑（Edit）菜单，如图8-9所示。

图8-7　主菜单

图8-8　文件菜单

图8-9　编辑菜单

a. 添加（Add）子菜单，
如图8-10所示。

b. 移动（Move）子菜单，
如图8-11所示。

c. 旋转（Rotate）子菜单，
如图8-12所示。

图8-10　编辑菜单中的添加子菜单

图8-11　编辑菜单中的移动子菜单

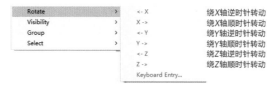

图8-12　编辑菜单中的旋转子菜单

d. 可见性（Visibility）子菜单，如
图8-13所示。

e. 组合（Group）子菜单，如图8-14
所示。

f. 选择（Select）子菜单，如图8-15所示。

图8-13　编辑菜单中的可见性子菜单

图8-14　编辑菜单中的组合子菜单

图8-15　编辑菜单中的选择子菜单

④ 导航（Navigate）菜单，如图8-16所示。

⑤ 视图（View）菜单和工具栏子菜单，如图8-17所示。

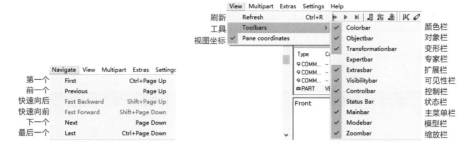

图8-16　导航菜单　　　　　图8-17　视图菜单和工具栏子菜单

⑥ 多零件（Multipart）菜单，如图8-18所示。

⑦ 扩展（Extras）菜单，如图8-19～图8-21所示。

图8-18　多零件菜单　　　　　图8-19　生成器子菜单

图8-20　文件缓存子菜单　　　　图8-21　画面合成子菜单

⑧ 设置（Settings）菜单，如图8-22所示。

a. 一般设置，如图8-23所示。

b. 网格设置，如图8-24所示。

c. 零件树设置，如图8-25所示。

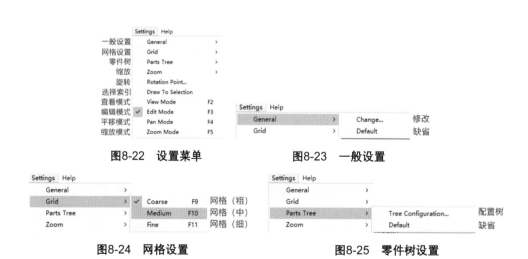

图8-22　设置菜单　　　　　　图8-23　一般设置

图8-24　网格设置　　　　　　图8-25　零件树设置

d. 缩放设置，如图8-26所示。

⑨ 帮助（Help）菜单，如图8-27所示。

图8-26 缩放设置　　　　　　图8-27 帮助菜单

8.3 常用工具栏

① 基本工具栏（Mainbar），如图8-28所示，提供新建、打开、保存、剪切、复制、粘贴等基本操作。

图8-28 基本工具栏

② 颜色工具栏（Colorbar），如图8-29所示，为模型零件设置外观颜色。

图8-29 颜色工具栏

③ 变换栏（Transformationbar），如图8-30所示，对选择的零件进行*X*轴、*Y*轴、*Z*轴平移与以*X*轴、*Y*轴、*Z*轴为中心旋转，以及根据输入的*X*、*Y*、*Z*的值进行精确旋转。

④ 控制栏（Controlbar），如图8-31所示，控制零件的图层位置，以及全选、选择相同类型、选择相同颜色。

图8-30 变换栏　　　　图8-31 控制栏

⑤ 模式栏（Modebar），如图8-32所示。

a. 视图模式：可以对零件进行预览，但不能编辑。

b. 编辑模式：可以对零件进行编辑。

c. 平移模式：零件只能平移。

d. 缩放模式：零件只能放大或缩小。

图8-32 模式栏

⑥ 可见性栏（Visibilitybar），如图8-33所示。

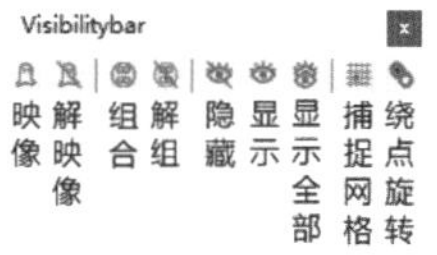
Visibilitybar
映像
解映像
组合
解组
隐藏
显示
显示全部
捕捉网格
绕点旋转

图8-33 可见性栏

⑦ 缩放栏，如图8-34所示。

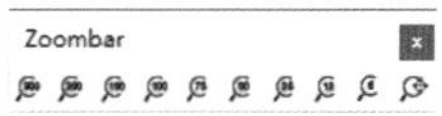
Zoombar

图8-34 缩放栏

为了更准确地搭建模型，可以将视图放大，方便将销、轴、孔等对正，反之为了看到整体效果，也可以将视图缩小，调整到适当大小来还原视图效果（可用鼠标滚轮进行缩放）。

⑧ 对象栏（Objectbarbar），如图8-35所示。

为了方便搭建，可以对零件对象进行编辑（将若干个零件编为一组，则软件会将其视为一个整体来进行操作）。因为有时会出现一个零件遮挡其他零件而不容易进行操作的情况，可以先将零件隐藏，等其他零件编辑完成后，再将之前的零件取消隐藏。

Objectbarbar
添加零件
添加注释
添加步骤
添加旋转步骤
添加结束旋转步骤
添加步骤背景
添加声明
添加缓冲区交换

图8-35 对象栏

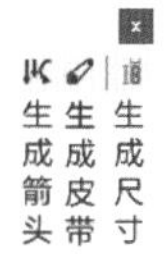
生成箭头
生成皮带
生成尺寸

图8-36 生成栏

⑨ 生成栏，如图8-36所示。

a. 生成箭头：箭头在模型中很有用，可以显示零件和子模型应该如何放置，以帮助构建者更容易地组装模型部分。

b. 生成皮带：皮带适合模型中零件之间的许多不同应用。实际的皮带部件在两个带轮等部件之间传递动力。

c. 生成尺寸：生成模型的长、宽、高尺寸。

8.4 零件库

零件库（图8-37）包含了VEX IQ所有的零件，并且有详细分类，可以根据分类精确找到要找的零件（对照分类中的名字，下面有各零件的图片，直接点击零件，将其拖至视图区即可编辑）。

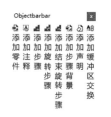

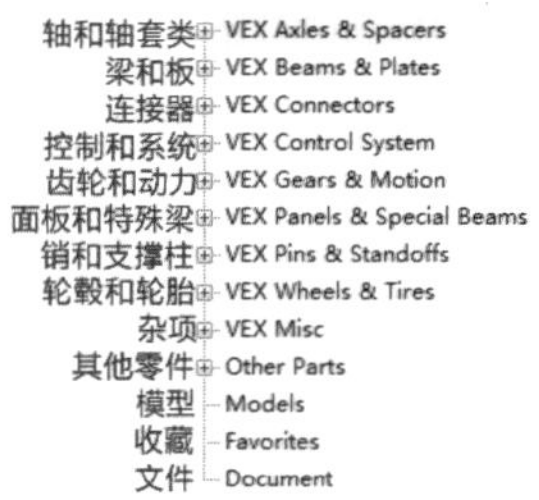
轴和轴套类 VEX Axles & Spacers
梁和板 VEX Beams & Plates
连接器 VEX Connectors
控制和系统 VEX Control System
齿轮和动力 VEX Gears & Motion
面板和特殊梁 VEX Panels & Special Beams
销和支撑柱 VEX Pins & Standoffs
轮毂和轮胎 VEX Wheels & Tires
杂项 VEX Misc
其他零件 Other Parts
模型 Models
收藏 Favorites
文件 Document

图8-37 零件库

8.5 视图区

视图区（图8-38）又称为编辑区，是搭建的主要界面，分为四个视区。主视图（Front）、左视图（Left）、俯视图（Top）和三维视图（3D）。

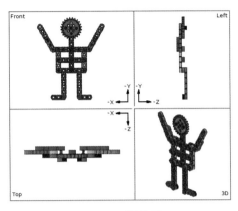

图8-38　视图区

8.6 SnapCAD环境设置

SnapCAD环境设置选择"设置（Setting）"—"常规（General）"—"改变（Change…）"菜单命令。要恢复SnapCAD的默认设置，选择"设置（Setting）"—"常规（General）"—"默认（Default）"菜单命令。六个选项卡中的可选设置如下所述。

8.6.1 常规设置（General）

常规设置选项卡设置SnapCAD的环境和管理功能，如图8-39所示。

① SnapCAD基本路径（SnapCAD base path）：输入SnapCAD的安装目录，包含"parts"和"p"文件夹的文件路径。

② 设计者（Author）：在这里输入一个设计者，SnapCAD将在每个新模型中插入一条包含设计者信息的注释。

③ 显示警告（Show warnings）：如

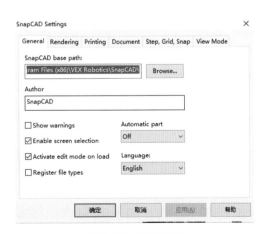

图8-39　常规设置

果未选中，将禁止任何由SnapCAD生成的警告消息。

④ 启用屏幕选择（Enable screen selection）：如果选中，将允许在编辑模式下选择视图窗口中的零件。

⑤ 在加载时激活编辑模式（Activate edit mode on load）：如果选中，编辑模式将在加载新模型时自动激活；如果未选中，SnapCAD会激活视图模式。

⑥ 自动零件升级（Automatic part）：此选项控制SnapCAD在加载模型时是否检查更新的零件。SnapCAD通过查看单个零件文件中的第一个注释行来检查更新的零件。

a. 如果选项设置为"关闭（Off）"：（推荐）SnapCAD将不检查新的零件。

b. 如果选项设置为"询问（Ask）"：SnapCAD将检查更新的零件，并打开一个对话框，询问是否要更新模型零件。

c. 如果该选项设置为"开（On）"：SnapCAD将始终检查更新的模型零件。

⑦ 语言（Language）：在"English"和其他用户安装的本地化语言之间选择程序语言。此设置在SnapCAD重新启动前不会生效。

⑧ 注册文件类型（Register file types）：SnapCAD检查这个注册文件类型是否为".ldr"和".mpd"。

8.6.2 渲染设置（Rendering）

渲染设置选项卡设置SnapCAD查看模型和构建模型时的显示方式，如图8-40所示。

① 阴影（Shading）：如果勾选，将会在编辑和查看模式下，对模型的各个部分应用一个灯光效果，创造更好的三维效果，如果未选中，零件将呈现平面效果。

② 透视（Perspective）：如果勾选，将在视图模式中显示具有中心透视效果的模型；如果未勾选，则编辑模式下的三维视角将始终以平行线的

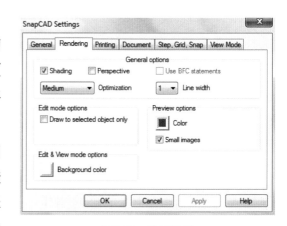

图8-40　渲染设置

等轴测图显示模型。

③ 优化（Optimization）：此选项选择内部优化算法，需要更多的内存，但会提高绘图速度。在选择"Optimizations"—"Off"之后，"Use BFC statements"选项将变得可用。

④ 使用BFC语句（Use BFC statements）：此选项只有在"优化"选项选择"Off"后才可用。BFC表示背面剔除，并确定图形对象的多边形是否对用户可见。BFC通过减少SnapCAD绘制的多边形数量，使渲染对象更快更有效。默认情况下，SnapCAD使用的渲染过程比BFC快得多。

⑤ 线宽（Line width）：线宽设置影响所有零件边缘线的宽度，一般选择1到3个像素的宽度。

⑥ 绘制选定零件（Draw to selected object only）：如果勾选，SnapCAD将绘制选定的零件。如果未选中，所有零件都会被绘制，以便更快地进行操作。此选项有助于查看哪些零件在某个步骤中可见，而无需在编辑模式和视图模式之间切换。此选项在视图模式中不起作用。

⑦ 背景色（Background color）：按下背景色（Background color）按钮，选择在编辑和查看模式中用作背景的颜色。此选项不会存储在模型文件中。

⑧ 预览选项（Preview options）：按下颜色（Color）按钮，更改零件预览窗口中部件缩略图的颜色。选中小图像（Small images）显示小缩略图，如果未选中则默认显示大图。

⚙ 8.6.3 打印设置（Printing）

打印设置选项卡设置打印输出格式和效果。这些设置可以通过打印预览观察效果，如图8-41所示。

① 模型打印选项（Model printing options）：

a. 打印模型（Print model）：如果未选中，SnapCAD将不会打印项目模型图。

b. 打印步骤（Print steps）：如果选中，SnapCAD会打印每个步骤图；如果未选中，SnapCAD将只打印完成模型图。

c. 高质量（High quality）：如果选

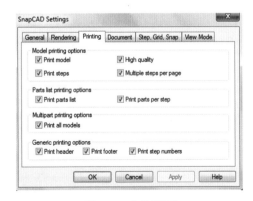

图8-41　打印设置

中，提高打印输出质量。

d. 每页多步骤（Multiple steps per page）：如果选中，SnapCAD将每页打印两个步骤；如果未选中，SnapCAD将每页只打印一个步骤。

② 零件列表打印选项（Parts list printing options）：

a. 打印零件列表（Print parts list）：如果选中，SnapCAD将打印模型零件列表。

b. 打印每个步骤的零件（Print parts per step）：如果选中，SnapCAD将打印所有模型零件列表，否则只打印当前模型零件列表。

③ 多个模型打印选项（Multpart printing options）：如果选中，则打印所有模型（包括所有的子模型），否则只打印当前显示的模型。

④ 一般打印选项（Generic printing options）：

a. 打印标题（Print header）：如果选中，SnapCAD将在顶部打印模型名称。

b. 打印页脚（Print footer）：如果选中，SnapCAD将在每页底部打印页码。

c. 打印步骤号（Print step numbers）：如果选中，SnapCAD将为每个步骤打印步骤号。

8.6.4 文档设置（Document）

文档设置选项卡设置SnapCAD的搭建模型的视图窗口中零件处理和查看方式，如图8-42所示。

① 默认三维视角（Default 3D rotation angles）：可以在XYZ文本框中输入数值，分别表示绕三个轴的转动角度，其值范围为0°~359°。默认的X轴角度为23°，Y轴角度为45°，Z轴角度为0°。

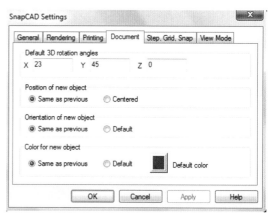

图8-42　文档设置

② 新零件位置（Position of new object）：

a. 与前一零件相同（Same as previous）：将新零件拖入到视图中，与前一个零件相同位置放置。

b. 中心点（Centered）：新零件拖入到视图中将以零件原始的零点为中心。

③ 新零件方向（Orientation of new object）：

a. 与前一零件相同（Same as previous）：将新零件拖入到视图中，与前一个零件相同方向放置。

b. 默认（Default）（推荐）：新零件拖入到视图中将以零件定义的方向放置。

④ 新零件颜色（Color for new object）：

a. 与前一零件相同（Same as previous）：将新零件拖入到视图中，与前一个零件颜色相同。

b. 默认（Default）（推荐）：新零件拖入到视图中将以默认颜色显示。

c. 默认颜色设置（Default color）：点击按钮选择不同的默认颜色。

8.6.5 步骤、网格、捕捉设置（Step，Grid，Snap）

步骤、网格、捕捉设置选项卡是用来设置网格大小的。一个标准VEX IQ单位为0.5in，例如12单位（孔间距）单孔梁的长度为6in。1个标准VEX IQ单位相当于32个网格单位。可以根据捕捉精度调整网格大小，如图8-43所示。

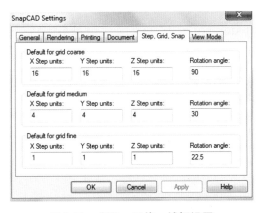

图8-43 步骤、网格、捕捉设置

8.6.6 视图模式（View Mode）

视图模式选项卡设置查看模型时的模型视图显示方式，如图8-44所示。

① 视图类型（Added parts view type）：提供了四种不同的方式来显示两个步骤之间添加的零件视图显示方式。

a. 高亮显示新零件（Highlight new）：高亮显示新添加零件颜色。

b. 不区分（Don't differentiate）：新旧零件一样显示颜色。

图8-44　视图模式

c. 以前零件灰度显示（Grayed previous）：灰度显示原来零件，新添加零件显示彩色。

d. 以前零件透明显示（Transparent previous）：透明显示原来零件，新零件显示彩色。

② 三维视图中的鼠标左键功能（Left mouse button in 3D View）：

a. 绘制到下一步（Draw next step）：将视野推进到下一步。

b. 旋转零件或模型（Rotate part / model）：模型随鼠标左键拖动而转动。

③ 快进步数（Fast step count）：选择快进或快退后时将跳过的步骤数。

8.7　调整视图窗口和工具栏

SnapCAD会为编辑模式和视图模式分别记住视图窗口和工具栏的最后位置、方向和大小。每次模式改变时，信息都会被存储和检索。

8.7.1 工具栏的调整

工具栏可以移动到SnapCAD主窗口屏幕的任何位置。它们可以停靠在主窗口的左边、右边、顶部或底部框架。它们也可以独立悬停在任何视图窗口上。悬停工具栏的形状可以通过向上/向下或向左/向右拖动边框来调整。

工具栏如图8-45所示，可以显示或隐

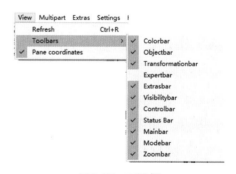

图8-45　工具栏

藏，点击"视图（View）"—"工具栏（Toolbars）"弹出选择列表或右键单击停靠的工具栏弹出选择列表，在选择列表中设置想显示或隐藏的工具栏。

8.7.2 视图调整

按照下面的步骤来配置窗口视图：

图8-46　视角菜单

① 首先切换到所需的模式（点击"Settings"—"View Mode"或"Settings"—"Edit Mode"）。

② 通过将鼠标光标移动到窗口之间的边框上来调整视图窗口大小。

③ 当光标改变时，按左键并拖动边框以调整窗口的大小，并在达到所需大小时释放鼠标左键。

④ 保存这些设置并切换到另一种模式。

⑤ 切换视图视角，如图8-46所示，在切换视图上点击鼠标右键，在下拉列表中选择"View Angle"。

8.8 创建模型和修改模型

8.8.1 创建新模型

① 要创建新模型。单击菜单命令"File"—"New"或标准工具栏上的相应工具栏按钮。如图8-47所示，打开"Model Information"对话框，在"Submodel name"栏目中填写"Man"，在"Submodel description"栏目中填写"Man"，在SnapCAD中创建一个模型名为"Man"的空模型。如图8-48所示。开头的注释提供了项目的标准信息，不应该被移动或删除。

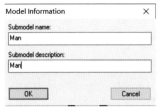

Active Model:	Man.ldr				
Type	Color	Position	Rotation	Part no./Model na...	Part name/Description
♀ COMM...	--	-------	-------	-------	Man
♀ COMM...	--	-------	-------	-------	Name: Man.ldr
♀ COMM...	--	-------	-------	-------	Author: SnapCAD
♀ COMM...	--	-------	-------	-------	Unofficial Model

图8-47　新建模型对话框　　　　图8-48　模型零件的标准注释信息

例如新建一个"Man"的小人零件模型。

② 已经构建一个模型，需要再创建一个模型。SnapCAD会要求保存任何修改后的模型，然后再创建一个新的模型。如图8-49所示，稻草人模型有"Man""Motor"和"Controller"三个子模型。

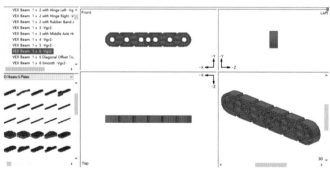

图8-49　创建多个子模型

③ 创建一个新的模型，SnapCAD进入"编辑模式"（在General设置中选中"Activate edit mode on load"）创建一个新模型的过程包括按顺序重复一些动作，通常是：

a. 首先找到一个零件并将其放置在视图区域，如图8-50所示，将零件库中1×6的单孔梁放置到视图区域中。

b. 添加一些连接它们的零件并添加一个step命令。step命令分解模型以显示模型是如何搭建的。

例如，需要分步骤导出零件模型，可以在每一个步骤之间添加一个step命令，将一个模型分成多个步骤，例如搭建一个"Man"模型需要多个步骤，如图8-51所示。

图8-50　将零件放置在视图区域中

Type	Color	Position	Rotation	Part no./Model na...	Part name/Description
♀ COMM...	--	------	------	------	Unofficial Model
▱ PART	VEX_Gr...	80.000,-32.0...	0.000,0.000,-1...	228-2500-005-v2...	VEX Beam 1 x 6 -Vgr2-
s STEP		------	------	------	
⊙ GROUP	--	------	------	------	Group Pin-5-1
s STEP		------	------	------	
▱ PART	VEX_Y...	160.000,32...	-1.000,0.000,0...	228-2500-004.dat	VEX Beam 1 x 5 -Vgr2-
▱ PART	VEX_Y...	0.000,32.00...	-1.000,0.000,0...	228-2500-004.dat	VEX Beam 1 x 5 -Vgr2-
s STEP		------	------	------	
▱ PART	VEX_Blue	160.000,96...	0.000,-1.000,0...	228-2500-060.dat	VEX Pin 1 M 1x1 -Vgr3-
▱ PART	VEX_Blue	0.000,96.00...	0.000,-1.000,0...	228-2500-060.dat	VEX Pin 1 M 1x1 -Vgr3-

图8-51　在每一个步骤之间添加"step"命令

8.8.2 修改模型

使用"File"—"Open"……命令或主工具栏上的相应打开按钮将现有模型加载到SnapCAD的视图区。当打开一个模型时，SnapCAD激活"编辑模式"，如图8-52所示，在"Edit Mode"下，可以对选中零件进行更换、改变零件位置或零件的颜色等。

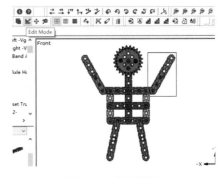

图8-52 修改模型

8.8.3 添加零件

SnapCAD提供了两种向模型添加零件的方法，并且必须处于"Edit Mode"编辑模式才能向模型添加零件。默认情况下，添加的部件将与粗网格 ▦ 对齐。如果零件在粗网格中没有对齐，可能需要切换到中等 ▦ 或细网格 ▦ 进行设置。

（1）拖拽方式

在零件树和零件预览窗口找到要添加的零件。用鼠标左键点击该零件，并将其拖动到视图窗口中。如图8-53所示，选中一个1×5的单孔梁，拖拽到视图中。

如图8-53所示，1×5的单孔梁周围有一个方框，代表该零件的外部界限和放置位置，用十字显示双格板中心，代表零件的原点。释放鼠标按钮，零件将被添加到模型视图中，且该零件将插入项目零件列表的末尾，如果有先前选定的零件，则插在先前选定的零件之后。

可以用同样的方法将一个子模型（例如Man子模型）插入项目零件列表窗口中，如图8-54所示。

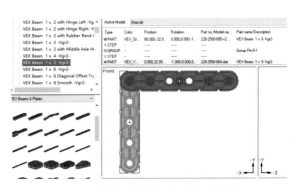

图8-53 拖拽选择的零件到视图编辑区

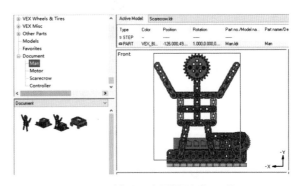

图8-54 插入一个子模型"Man"

（2）菜单方式

可以通过点击菜单命令"编辑（Edit）"—"添加（Add）"—"零件（Part）"……来添加零件，如图8-55（a）所示。或者在视图窗口中单击右键并从弹出的菜单中单击"添加（Add）"—"零件（Part）"……来添加零件，如图8-55（b）所示。

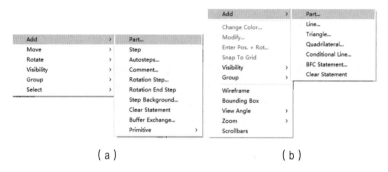

（a）　　　　　　　　　　　　　　（b）

图8-55　用菜单方式添加零件

点击完上述按钮之后，零件选择对话框将弹出，显示零件及其描述的文本列表，如图8-56所示。从此列表中选择一个零件，或在列表下方的字段中输入零件的名称，点击"OK"按钮即可插入零件到视图窗口。

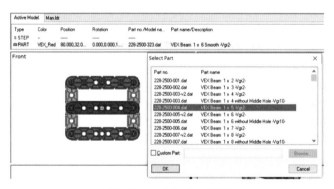

图8-56　零件选择对话框

8.9　动态查看零件

8.9.1　选择和取消选择

（1）在模型零件列表中选择零件

① 在模型零件列表中，模型的零件、注释、步骤等可以单独或成组地选择。用鼠标左键单击零件列表，可以选择该零件的步骤、注释等，如图8-57所示。

② 选择多个零件，按住Ctrl键同时选择多个零件。要选择一系列零件时，选择第一个零件，然后按住Shift键同时选择最后一个零件，则可同时选择多个零件。如图8-58所示，选择2个1×5的单孔梁零件。

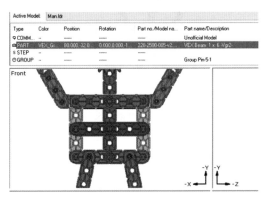

图8-57　在模型零件列表中选择零件

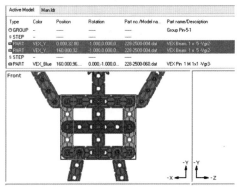

图8-58　在模型零件列表中选择2个零件

（2）在视图中选择零件

① 选择一个单一的零件，直接用鼠标左键点击零件，如图8-59所示。

② 选择多个零件，按住Ctrl键，同时点击每个需要选择的零件，如图8-60所示。

③ 在视图窗口内使用矩形框方法选择多个零件，在视图窗口中左键点击空白区域的一点，同时按住鼠标左键，拖动光标，将从单击鼠标左键的点到释放鼠标左键的点绘制一个矩形框，矩形框中的所有内容都会被选中，如图8-61所示。

④ 要取消选择的所有部件，请单击视图窗口中的空白区域，如图8-62所示。

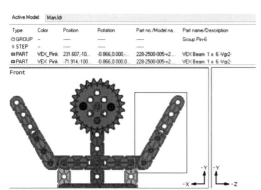

图8-59　在视图中用鼠标左键单击零件

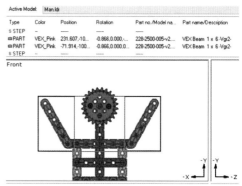

图8-60　在视图中按住Ctrl，用鼠标左键单击
多个零件

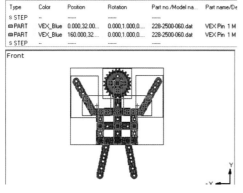

图8-61　在视图窗口中用矩形框的方法选择
多个零件

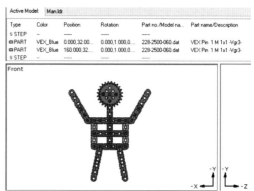

图8-62　取消选择的零件

8.9.2 移动零件

SnapCAD提供了很多移动零件的方法。可以通过捕捉网格移动零件。移动零件的三种方法如下。

（1）转换栏

首先选择要移动的零件。如图8-63所示，单击"Transformationbar"（转换栏）下面的六个移动按钮，零件沿x、y或z轴移动。

图8-63　转换栏

（2）拖拽方式

选择要移动的零件，然后左键单击选择矩形内的部分，并按住鼠标左键，拖动零件并将其放置在所需位置。零件移动到网格上，以帮助对齐。根据需要切换粗、中、细网格。

（3）使用对话框方式

要将零件独立于网格定位在特定位置，必须使用"Position & Orientation"位置和方向对话框。先选择要移动或定位的零件，然后点击"编辑（Edit）"—"移动（Move）"—键盘输入"Keyboard Entry"激活位置和方向对话框，或从工具栏中选择相应的按钮。弹出的"Position & Orientation"位置和方向对话框如图8-64所示。

确保勾选了"Use position values"和"Absolute values"。修改（X、Y、Z）坐标值，然后点击"OK"，零件从当前原点位置移动到修改点的位置。如果选中了多个零件，则复选框"Absolute values"不勾选，并默认禁用该复选框。在这种情况下，输入的值不指定绝对位置，而是指定与零件当前位置的偏移量。对于单个零件，此复选框处于活动状态，可以取消选中以移动零件而不是定位零件。

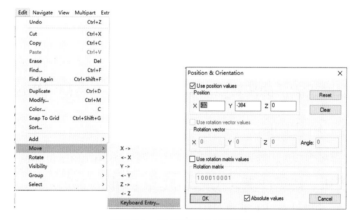

图8-64　位置和方向对话框

8.9.3　对齐零件

SnapCAD在虚拟网格上定位零件，有三种设置：粗、中、细。零件位置取决于实际使用的网格单位值。SnapCAD默认设置为使用粗网格，允许快速和容易地放置大多数VEX IQ库零件。网格设置可以在需要时切换，以实现正确的零件连接，使用工具栏上粗、中、细网格设置按钮 ⊞ ⊞ ■ 进行网格切换。

当零件插入后，复制或移动时使用拖放方式自动对齐网格，但是，错误的对齐可能会导致多个零件位置错误。如图8-65所示，使用菜单命令"编辑（Edit）"—"捕捉（Snap To Grid）"或点击"转换栏（transformationbar）"

上的对应按钮，将选定零件重新对齐到当前网格。

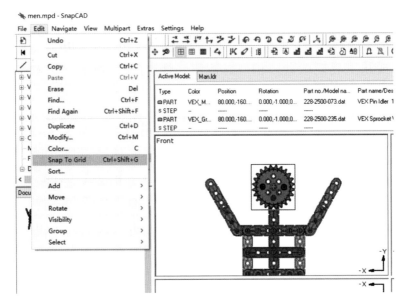

图8-65　菜单方式对齐网格

8.9.4　旋转零件

零件旋转取决于激活的旋转点，旋转零件的所有点都围绕这个点旋转。

（1）使用转换工具栏旋转

① 首先选择要旋转的零件，然后单击"Transformationbar"（转换栏）右侧的六个转动按钮，使零件绕x、y或z轴旋转。如图8-66所示。

② 旋转多个零件也可以通过使用一个零件作为其他零件的旋转点来实现。

首先选择旋转点零件，可以使用特殊的颜色标记的临时零件，比如轴作为临时旋转轴，在这里很有用。下一步，选择其他也需要一起旋转的零件。使用转换工具栏按钮将选定部分旋转到所需位置。转动完成后删除临时零件即可。

图8-66　转换栏

例如，想要旋转绿色1×6的单孔梁，首先单击红色连接销，然后按住Ctrl，选择绿色单孔梁，单击对应的转动按钮转动单孔梁到合适位置，如图8-67所示。

图8-67　转动绿色单孔梁

（2）使用对话框旋转

精确旋转和移动零件，可以使用"Position & Orientation"位置和方向对话框。

① 移动零件。选择要移动的零件，然后点击"Edit（编辑）"—"Move（移动）"—"Keyboard Entry"进入"Potion & Orienttation"位置和方向对话框，如图8-68所示。选中"Absolute values"绝对坐标后，在选中"Use position values"框中输入坐标（X，Y，Z）值即可移动零件。

② 旋转零件。选择要旋转的零件，然后点击"Edit"（编辑）—"Move"（移动）—"Keyboard Entry"进入"Potion & Orientation"位置和方向对话框，如图8-69所示。有两种方式旋转零件。

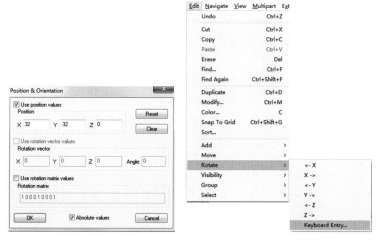

图8-68　位置和方向对话框　　　　图8-69　旋转菜单

a. 选中"Absolute values（绝对坐标）"复选框，选中"Use rotation matrix values"复选框，在"Rotation matrix"旋转矩阵文本框中输入3×3旋转矩阵的9个数值。

b. 不选中"Absolute values（绝对坐标值）"复选框，可以选中"Use rotation vector values"复选框，在"Rotation vector"文本框中输入坐标点（X，Y，Z）和角度值，该零件将以零件中心点与该坐标点的连线作为旋转轴转动输入的角度值。

Rotation vector（旋转向量）与Rotation matrix（旋转矩阵）文本框不能同时使用：

Rotation vector（旋转向量）：零件将在一条指定的直线上旋转，该直线上有（0，0，0）点，输入坐标（X，Y，Z）作为直线的另一个端点。

Rotation matrix（旋转矩阵）：在文本框中输入一个3×3的矩阵作为旋转矩阵。

（3）旋转点

SnapCAD允许单独设置零件旋转点。更改或定义零点旋转点需要在"Define Rotation Point"定义旋转点对话框中进行。如图8-70所示，点击"Settings（设置）"—"Rotation Point（旋转点）"或使用转换栏上相应按钮，打开定义旋转点对话框，如图8-71所示。

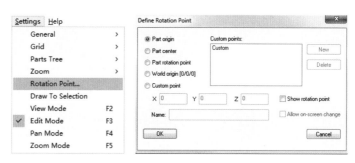

图8-70　旋转点菜单　　　　图8-71　定义旋转点对话框

激活以下旋转点之一：

① Part origin（零件原点）：被旋转零件的（0，0，0）点，不能用于多个零件的旋转。

② Part center（零件中心点）：被旋转零件的中心，不能用于多个零件的旋转。

③ Part rotation point（零件旋转点）：被旋转零件的一个预先定义的自定义旋转点。如果零件没有自定义的旋转点，则使用零件原点。它不适合多个零件的旋转。

④ World origin [0/0/0]（世界坐标原点）：当前模型的绝对原点（0，0，0），在旋转多个零件时用作默认旋转点。

⑤ Custom point（自定义点）：可以是模型视图空间中的任意点。

a. 创建一个自定义旋转点：如图8-72所示，选择"Custom point"并输入它的坐标（X，Y，Z）和名称（Name）。

b. "New"（新）按钮：用新按钮可以自定义多个旋转点。

c. "Delete"（删除）按钮：用删除按钮可以删除不需要的自定义旋转点。

d. "Allow on-screen change"（允许屏幕上改变）复选框：可以打开或关闭。对于每个自定义点，如果启用并选中"Show rotation point"（显示旋转点）复选框，则旋转点可以在旋转零件时显示。

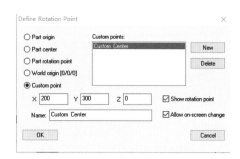

图8-72　自定义旋转点坐标

8.10　视图缩放、平移、视角

8.10.1　缩放（Zoom）

缩放功能可能需要激活一个视图和查看视图窗口，然后才能做更改。在视图窗口中单击，用红色边框勾勒出选定的视图窗口的轮廓，注意该窗口已被激活并准备进行更改。如果未激活视图窗口，则所选的缩放因子将应用于所有视图窗口。

为了更详细地查看当前视图中模型的某个区域，需要将模型放大和缩小。缩放提供了模型的特写视图，以便在需要时微调零件的对齐和连接。SnapCAD提供了五种不同的缩放模型视图的方法。缩放并不改变模型，只是SnapCAD在视图和查看窗口中显示模型的方式。除非另有说明，否则这些方法适用于"查看模式"和"编辑模式"。

① 使用鼠标滚轮缩放视图：将光标移动到活动视图上，按住鼠标滚轮上下移动即可放大和缩小视图。

② 使用鼠标和键盘缩放视图：将光标移动到活动视图上，按住Shift键和Ctrl键，然后按住鼠标左键，上下移动鼠标放大和缩小，当模型达到所需大小时，释放鼠标左键和Shift键、Ctrl键。

③ 使用菜单缩放视图：点击鼠标右键并导航到弹出菜单中的缩放（Zoom），如图8-73所示，选择需要的缩放选项，菜单缩放允许手动设置缩放因子，而"缩放以适应"计算缩放因子，使整

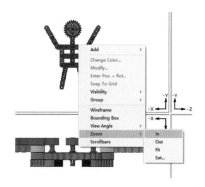

图8-73　菜单缩放（Zoom）

个模型在活动视图中居中显示。

④ 在缩放模式下缩放视图：启动缩放模式（Zoom Mode），如图8-74所示。将光标移动到活动视图上，按住鼠标左键，上下移动鼠标放大和缩小，在所需的缩放级别释放鼠标按钮。也可

图8-74　缩放模式（Zoom Mode）

使用同样的方法放大其他视图中的模型。切换到其他模式即可停用缩放模式。

⑤ 同时缩放模型的所有视图：所有视图可以同时设置为某个缩放因子，或者可以计算所有视图的缩放因子，以便在视图窗口中对模型进行最佳拟合，如图8-75所示。

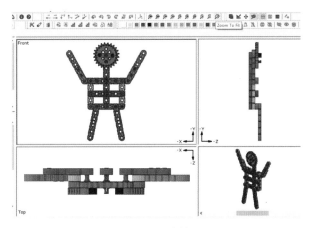

图8-75　同时缩放模型

8.10.2 平移（Panning）

要详细地检查当前模型，平移可以使模型视图在视图窗口中更好地定位，以便在需要时微调部分对齐和连接。SnapCAD提供了三种不同的方法来平移模型视图。平移不改变模型，只是SnapCAD在编辑模式和查看模式中显示模型的方式。

① 使用带有滚轮的鼠标平移视图：将光标移动到活动视图窗口上，点击并按住鼠标滚轮，在视图窗口中向任意方向移动鼠标以平移模型，当模型达到所需的位置时，释放鼠标按钮。

② 使用鼠标和键盘平移视图：将光标移动到活动视图上，按住Shift键，再按住鼠标左键，在视图窗口中向任意方向移动鼠标以平移模型，当模型达到所需位置时，释放鼠标左键和Shift键。

③ 在平移模式下平移一个视图：如图8-76所示，激活平移模式（Pan Mode），将鼠标光标移动到活动视图的某一个视图，如图8-77所示，按住鼠标左键，移动鼠标平移视图中的模型，当模型到达所需的位置时，释放鼠标左键。也可以同样的方法平移其他视图中的模型，切换到其他模式即可停用平移模式。

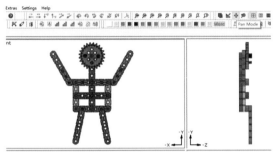

图8-76　选择平移模式

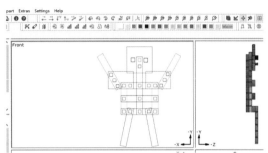

图8-77　平移模式下平移模型

8.10.3 视角（View Angle）

可以为每个视图窗口单独设置视角。3D视图中不支持视角。当3D视图窗口处于激活状态时，模型可以自由缩放、平移和旋转。

① 更改视图窗口的视角：将鼠标移动到活动视图窗口上，按鼠标右键启动弹出式菜单，如图8-78所示，从视角子菜单中（View Angle）选择一个选项，如俯视图、仰视图、左视图、右视图、前视图、后视图和三维模型（Top、Bottom、Left、Right、Front、Back、3D）。

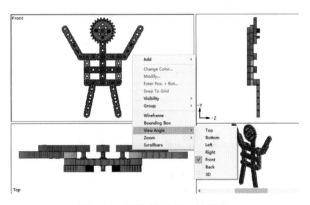

图8-78　更改视图窗口的视角

② 三维视角：激活 "View Mode" 查看模式，活动模型可以在三维视角窗口中自由旋转。移动鼠标到活动的3D视角窗口上，按住鼠标左键，移动鼠标旋转模型，当模型到达所需的位置时，释放鼠标左键。

8.11 复制、粘贴和删除零件

SnapCAD支持标准的Windows复制、粘贴和删除功能。复制或剪切的零件放入复制缓冲区。复制缓冲区中的零件可以粘贴在需要的地方。

8.11.1 使用键盘或工具栏进行删除、剪切、复制操作

① 删除（delete）零件：选择要删除的零件，然后按下键盘上的 "Delete"。已删除的零件不存储在复制缓冲区中，以后不能粘贴。

② 剪切（cut）零件：选择零件并按下键盘上的 "Ctrl + X" 键，或单击主要工具栏上的相应按钮。

③ 复制（copy）零件：选择零件，然后按下键盘上的 "Ctrl + C" 键，或点击主工具栏上的相应按钮。

④ 在模型零件列表窗中粘贴（paste）零件：使用模型零件列表窗，首先选择一个要粘贴零件的位置，并按 "Ctrl + V" 键。在选定的零件行之后插入已复制的零件。如果要粘贴零件列表末尾的零件，需要取消选择所有零件，再按 "Ctrl + V" 键进行粘贴。

8.11.2 使用拖拽方式复制

在视图窗口内选择要复制的零件，再按住 "Ctrl" 键，在选中零件的矩形内点击鼠标左键。移动鼠标时矩形将跟随鼠标移动。在所需位置释放 "Ctrl" 键和鼠标左键，选定的零件将被复制到新的位置，如图8-79所示。

图8-79　选定零件复制

8.12 零件组合和解组

将零件分组可简化涉及多个零件的操作。可以用分组零件来完成多个零件的复制和移动等。

8.12.1 组合零件

对零件进行组合，首先要选择组合的多个零件，可以利用菜单组合零件。然后选择“编辑（Edit）”—“组（Group）”—“创建（Create）”……，组合的多个零件从零件列表中移除，而由单个组合替换。

如图8-80所示，选择6个紫色的销，或者单击工具栏按钮“Group”，弹出一个组合命名对话框如图8-81所示，输入该组的名称“Pin-1”，并单击“OK”按钮。如图8-82所示，将选中的6个紫色销组合成一组。组合的零件只能进行成组选择和移动等操作。

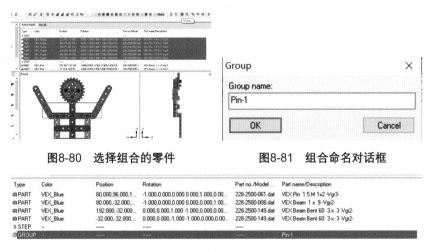

图8-80 选择组合的零件

图8-81 组合命名对话框

Type	Color	Position	Rotation	Part no./Model ...	Part name/Description
PART	VEX_Blue	80.000,96.000,1...	-1.000,0.000,0.000 0.000,1.000,0.00...	228-2500-061.dat	VEX Pin 1.5 M 1x2 -Vgr3-
PART	VEX_Blue	80.000,-32.000,...	-1.000,0.000,0.000 0.000,0.000,1.00...	228-2500-008.dat	VEX Beam 1 x 9 -Vgr2-
PART	VEX_Blue	192.000,-32.000...	0.000,0.000,1.000 -1.000,0.000,0.00...	228-2500-149.dat	VEX Beam Bent 60 3 x 3 -Vgr2-
PART	VEX_Blue	-32.000,-32.000,...	0.000,0.000,-1.000 -1.000,0.000,0.00...	228-2500-149.dat	VEX Beam Bent 60 3 x 3 -Vgr2-
STEP	--	------	------	------	
GROUP	--	------	------	------	Pin-1

图8-82 列表中的组合

8.12.2 解组零件

若要取消对现有组的分组，请选中该组，并点击“编辑（Edit）”—“组合（Group）”—“解组（Ungroup）”或“visibility bar”中的对应按钮，即可解除零件分组，重新变为单个零件出现在零件列表中。

如图8-83所示，选择建立的组“Pin-1”，单击“Ungroup”可以分解组合，将成为独立的零件。分解零件列表如图8-84所示。

图8-83 选择组合零件"Pin-1"

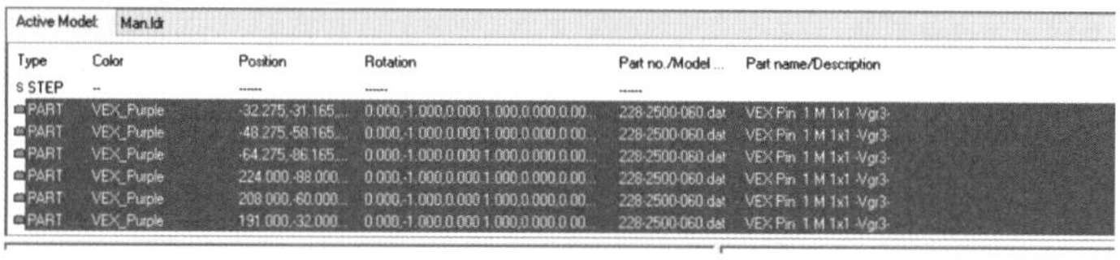

图8-84 分解零件列表

8.13 零件隐藏和显示

有时候，为了看清部件的内部，并简化复杂模型中的构建，有必要暂时隐藏零件。SnapCAD可以隐藏零件。隐藏的零件将仍然存在于模型零件列表窗中。必要时，随时显示零件。

8.13.1 隐藏零件

要隐藏零件，首先要选择隐藏的零件，然后选择"编辑（Edit）"—"可见性（Visibility）"—"隐藏（Hide）"或可见性栏中的相应按钮。执行隐藏命令后零件明显地从视图上移除。所有隐藏的零件都会在模型零件列表窗中"Type（类型）"列变灰，且在"Part name/Description（零件名称/描述）"列中显示隐藏"Hidden"。如图8-85所示，首先选中要隐藏的零件，单击隐藏"Hide"按钮，零件消失在视图中，仅以矩形显示零件位置和大小，如图8-86所示。

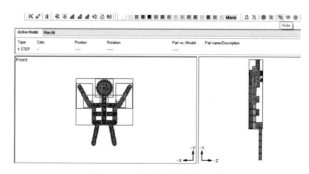

图8-85 选择要隐藏的零件

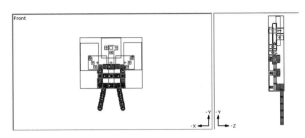

图8-86 隐藏完成

8.13.2 显示零件

选择"编辑（Edit）"—"可见性（Visibility）"—"显示（Show）"或工具栏按钮来重新显示隐藏的项目。也可以通过选择"编辑（Edit）"—"可见性（Visibility）"—"显示所有（Show all）"或可见性栏上的相应按钮，重新显示所有隐藏的零件，而不需要单独选择多个零件进行重新显示。

如图8-87和图8-88所示。单击工具栏按钮"Unhide All"显示所有隐藏的模型零件。也可以从列表中选择单个隐藏零件或多个零件，单击工具栏"Unhide"按钮显示选择的零件，如图8-89所示。

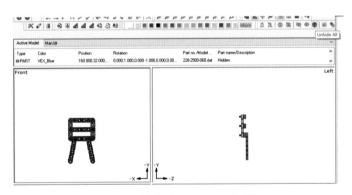

图8-87 单击"Unhide All"按钮

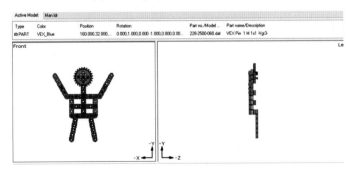

图8-88 显示全部隐藏模型零件

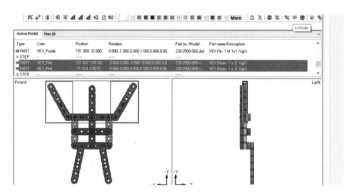

图8-89　显示选择的隐藏零件

8.14　零件着色

若要更改一个或多个选定零件的颜色，请单击颜色工具栏上的颜色按钮。若要选择颜色工具栏上不可见的颜色，请单击"更多（More）"按钮以显示颜色选择对话框，并从列表中选择一种颜色，然后单击"OK"。

8.14.1　颜色对话框

① 颜色对话框：如图8-90所示，为选择和创建颜色提供了许多选项。滚动对话框右侧的滑块以显示更多颜色。颜色块有许多是空的，空的颜色块可以自定义颜色。每种颜色有唯一的编码，选择颜色可以直接点击颜色块，也可以在颜色编号（Color number）文本框中直接输入颜色编号。选择的颜色显示在选择颜色框（Selected）中。

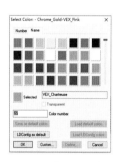

图8-90　颜色对话框

② 自定义颜色块：SnapCAD允许用户使用颜色对话框定义从64到255号的颜色。选择一个空的颜色框来定义一个颜色，然后单击"定义（Custom）"按钮，打开"定义颜色（Define Custom Color）"对话框，如图8-91所示。

在定义颜色对话框中，创建一个"主颜色（Main color）"和一个"边缘颜色（Edge color）"（或输入HSV/RGB值），并给自定义颜色命名（Name）。点击"确定（OK）"将新颜色保存到空框按钮中。保存后的用户定义颜色，即使重新启动也存在。

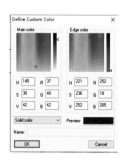

图8-91　定义颜色

③ 临时自定义颜色：临时自定义颜色可以被指定为零件的颜色，但这种颜色没有绑定到颜色块或者不在256种颜色范围内。可以通过单击自定义按钮创建临时自定义颜色。临时自定义颜色不能命名，也不会被SnapCAD保存。

④ SnapCAD可以定义的四种颜色：

a. 纯色（不透明的颜色Solid color）：是指着色的零件是不透明，可以遮挡它后面的零件。

b. 透明色（Transparent color）：这种颜色是透明的，其后面的零件可以看到。

c. 24位纯色（24 bit color solid）：这种颜色是不透明的，只能设置主颜色（Main Color），而不能设置边缘颜色（Edge Color）。

d. 24位透明色（24 bit color transparent）：这种颜色是透明的，其后面的零件可以看到。只能设置主颜色（Main Color），而不能设置边缘颜色（Edge Color）。

⑤ 注意：自定义颜色对话框显示两个颜色定义字段。

a. 左边的字段是主颜色（Main Color）：用于所有类型的颜色。

b. 右边的字段是边缘颜色（Edge Color）：只能用于纯色和透明颜色。在定义24位纯色和24位透明颜色时禁用边缘颜色字段。

c. 定义颜色的最简单方法是在选色区域拖动鼠标。在大框中选择颜色本身，在右边较小的框中选择颜色的亮度。颜色值可以直接输入H（色调，Hue）、S（饱和度，Saturation）、V（亮度，Value）的值或R（红，Red）、G（绿，Green）、B（蓝，Blue）的值。每个值的范围为0～255。

d. 下拉菜单中可以选择纯色Solid color、透明色Transparent color、24位纯色24 bit color solid和24位透明色24 bit color transparent四种颜色模式。

e. 当重新定义数字范围从64到255的颜色时，将启用Name字段，为这个颜色号码输入一个新的颜色名称。此名称显示在模型零件列表窗中。

8.14.2 恢复默认调色板

选择另存为默认颜色按钮，将实际的调色板存储为新模型的默认调色板，而加载默认颜色按钮将恢复默认调色板并替换模型的当前调色板。默认调色板存储在配置文件（ldconfig.ldr）中，即使SnapCAD重新启动也可以使用。

8.15 查看控制命令

查看模式命令用于控制模型按顺序显示构建步骤。在创建模型时使用查看模式可以查看零件定位、视角以及步骤顺序是否正确。这些命令是在编辑模式下添加的，但它们的实际结果只显示在查看模式和打印输出生成的构建指令步骤图中。

8.15.1 步骤命令

Step（步骤）命令用于将模型分解为构建步骤，用户可以按照步骤一步一步地构建模型。

① 控制播放工具栏：SnapCAD处于编辑模式或查看模式时的控制播放工具栏如图8-92所示。

a. 在编辑模式下，控制播放工具栏用于控制零件列表窗一行一行地滚动选择模型零件。

- 回到第一步
- 后退一步
- 快退
- 快进
- 前进一步
- 前进到最后一步

图8-92　控制播放工具栏

b. 在查看模式下，控制播放工具栏用于浏览模型的顺序构建步骤。

② 插入步骤：在模型零件列表窗中，用户根据模型构建的需要，在两个步骤之间插入步骤。首先选择插入步骤的位置，然后选择"编辑（Edit）"—"添加（Add）"—"步骤（Step）"，或者单击对象工具栏上的相应添加步骤按钮。

如图8-93所示，搭建稻草人中的控制器部件，分为3步。

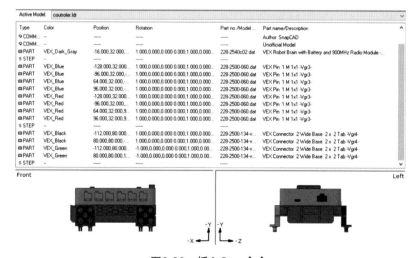

图8-93　插入Step命令

步骤1：将1个控制器拖入到视图中，如图8-94所示。

步骤2：将8个销插在控制器上，如图8-95所示。

步骤3：将4个连接器安装在销上，如图8-96所示。

图8-94　插入控制器　　图8-95　插入8个销　　图8-96　插入连接器

8.15.2 旋转步骤命令

旋转步骤命令是简单的步骤命令的扩展形式。旋转步骤将模型旋转到一个新的视角，从而在构建指令时提供更好的模型视图。在复杂模型中，旋转步骤对步骤的清晰度至关重要。由旋转步骤定义的旋转会影响旋转步骤之后列出的所有部分，直到在步骤顺序中遇到旋转结束步骤命令，才能恢复到默认的3D视角显示模型。

① 插入旋转步骤。通过导航在模型零件列表窗的序列中的所需位置插入旋转步骤。旋转步骤命令将插入到当前选择的零件之后。点击"编辑（Edit）"—"添加（Add）"—"旋转步骤（Rotation Step）"，或者点击对象工具栏上的相应按钮插入旋转步骤命令。

② 插入旋转结束步骤。旋转结束步骤将模型的视图位置替换回设置中定义的默认3D视角。导航到模型零件列表窗的序列中的所需位置，插入旋转结束步骤。旋转结束步骤命令将插入到当前选择的零件之后，点击编辑—添加—旋转结束步骤，或者点击对象工具栏上的相应按钮插入旋转结束步骤命令。

③ 旋转步骤命令对话框如图8-97所示。利用旋转步骤对话框来设置新的旋转角度，在旋转预览（Rotation preview）区域使用鼠标转动模型到一个想要的角度，（x, y, z）实时显示，一旦角度合适，停止转动鼠标。一般将对话框中显示的x、y、z角度值改为整数。

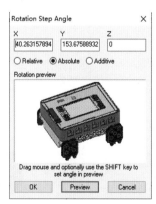

图8-97　旋转步骤命令对话框

在对话框中，可以选择的单选按钮有相对"Relative"、绝对"Absolute"、累加"Additive"，选中不同的按钮，其转动后的视角也不同。

a. 相对（Relative）：相对于默认的三维视角，转动一个（x，y，z）。

b. 绝对（Absolute）：用新输入的（x，y，z）值显示零件视角。

c. 累加（Additive）：当前视角累加（x，y，z）形成新的视角。

在查看模式下，添加的旋转步骤不可编辑，只能查看旋转视角的效果。

例如，初始默认的角度也称为"等距透视"或称"三分之二视角"，一般的步骤输出将以初始的三维视角输出。若想从不同的视角查看某一步骤，可以通过添加"旋转模型步骤"，点击确定按钮保存旋转步骤与所需的视角，再单击预览按钮，就可以按照定义的视角查看模型。如果需要恢复到默认3D视角查看模型，需要添加"旋转结束步骤"即可。

添加"步骤"的方法如下：

① 添加零件到模型。

② 添加一个正常的步骤命令到模型。

③ 添加一个旋转步骤命令到模型，旋转模型到一个新的想要的角度。

④ 添加更多的零件。

⑤ 添加另一个正常的步骤命令，使视图序列停止和显示新的视角。

⑥ 添加一个旋转结束步骤命令在默认的3D视角显示模型。

例如在控制器部件搭建步骤中添加了旋转命令，如图8-98所示。

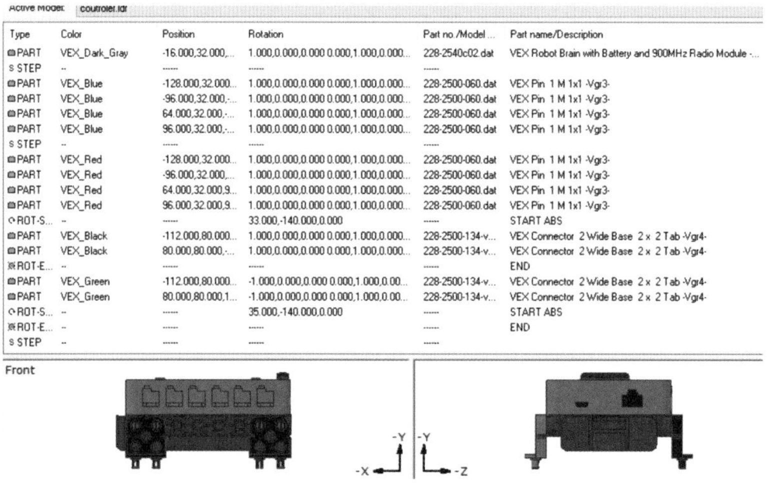

图8-98　插入2个旋转命令

步骤1：将控制器插入到视图中，如图8-99所示。

步骤2：将4个蓝色的销插入到控制器中，如图8-100所示。

步骤3：添加第一个旋转步骤命令（$x=35$和$z=0$，$y=-140°$），将4个红色的销插入到控制器的另一面，如图8-101所示。

步骤4：将2个黑色的连接器安装到控制器上，如图8-102所示。

步骤5：添加第二个旋转步骤命令（$x=35$和$z=0$，$y=-140°$），将2个绿色的连接器安装到控制器上的红色销上，如图8-103所示。

步骤6：默认3D视角显示控制器部件，如图8-104所示。

图8-99　插入控制器　　图8-100　插入4个　　图8-101　插入4个
　　　　　　　　　　　　　　蓝色销　　　　　　　　红色销

图8-102　插入黑色　　图8-103　插入绿色　　图8-104　完成后的
　　连接器　　　　　　　连接器　　　　　　控制器部件

⚙ 8.15.3　添加步骤背景

可以在构建说明中添加背景图像的样式或注释部分。要添加背景图像，请在模型零件列表窗中选择所需的插入点，然后选择"编辑（Edit）"—"添加（Add）"—"步骤背景（Step Background）"命令，或单击对象栏（Object Toolbar）上的背景按钮。如图8-105所示，打开一个对话框，定位和选择图像文件。只有真彩色位图文件才能用于背景。对话框预览区域将显示所选图像的低质量版本。单击确定将插入步骤背景图像到选择点后。SnapCAD实际上并没有向项目中添加背景图像，而只是记录了图片存储在计算机上的路径。背景图像源文件需

图8-105　设置背景图

要与模型文件存在一个文件夹下。

所选背景图像的大小应该与搭建零件图大小完全相同。如果背景图像大于所选的搭建零件图，背景图像将被裁切。背景图像小于所选的搭建零件图，背景图像将显示原图大小。

在查看模式中显示步骤图的背景图像。如果在模型零件列表窗中的第一个步骤命令之前添加一个背景图像，那么在查看模式中所有步骤图都会显示该背景图像。如果在零件中间插入背景图像，则此步骤之后的步骤图会显示背景图像。

8.15.4 清除步骤命令

① 清除命令（Clear Command Steps）：在零件列表中插入清除命令，在此命令之前的搭建步骤照常显示，但在此命令之后，不再显示前面的搭建步骤，而是开始显示之后的搭建步骤。

② 清除命令也可以用来创建动画：方法是在创作动画的模型之后添加"Add step"步骤，然后添加"Clear Command Steps"清除命令，复制模型变换一个位置，再添加一个"Add step"步骤，添加"Clear Command Steps"清除命令，……，直到完成动画效果。一个步骤就是动画的一帧，在查看模式下查看模型动画。

例如：制作一个单孔梁绕销转动的动画。

① 在编辑模式下，将一个1×6单孔梁拖入到视图中，再拖入一个红色的销安装在单孔梁的一端，如图8-106所示。

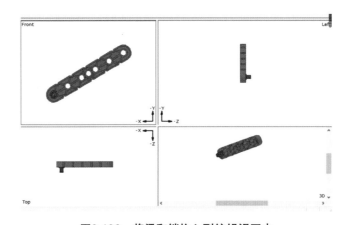

图8-106 将梁和销拖入到编辑视图中

② 添加第一个清除步骤命令。单击工具栏按钮"Add Clear Statement"，如图8-107所示。

③ 添加梁和销的副本，并旋转一定角度，如图8-108所示。重复添加零件副本，并旋转一定角度，这样就创建了一个动画序列，如图8-109所示。

④ 在查看模式下，观看梁绕着销转动的动画效果，如图8-110所示。

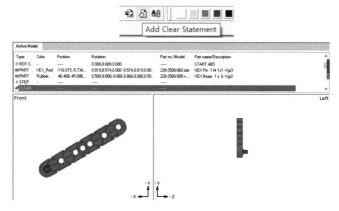

图8-107　添加清除步骤命令

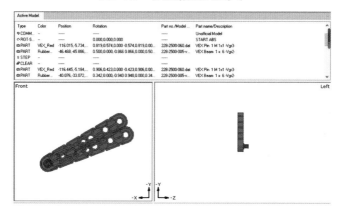

图8-108　添加销和梁的副本并且转动一定角度

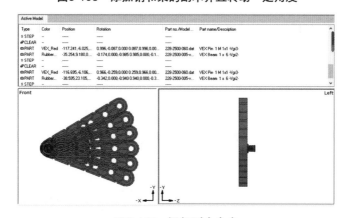

图8-109　添加副本命令

图8-110　在查看模式下观看梁绕销转动的动画

8.15.5 缓冲区交换命令

在模型零件列表窗中插入缓冲区交换命令，会暂停当前搭建步骤，显示浮动零件或部件、箭头等，这些浮动零件或部件、箭头仅是用来显示零件的安装过程。再插入缓冲区交换命令，结束安装过程显示，继续显示其后的搭建步骤。在两个缓冲区交换命令之间的浮动零件或部件、箭头不会在生成的零件列表中显示。

点击"编辑（Edit）"—"添加（Add）"—"缓冲区交换（Buffer Exchange）"从菜单添加缓冲区交换命令，或点击对象工具栏上的相应按钮添加缓冲区交换命令，出现如图8-111所示的缓冲区交换对话框，不选中"Retrieve"，选择"Buffer：

图8-111　缓冲区交换对话框

A"，点击"OK"即可在模型列表中插入一条缓冲区交换命令。缓冲区交换命令与下节讲述的浮动零件结合使用，显示零件或部件的安装过程。

8.15.6 浮动零件或部件

要创建浮动零件或浮动部件，只需从零件列表中选择零件或部件，点击"编辑（Edit）"—"可见性（Visibility）"—"浮动（Ghost）"命令，或点击工具栏上的"Ghost"按钮即可将选定的零件或部件变成浮动零件或部件。

要取消浮动零件或部件，首先从零件列表中选择浮动零件或部件，再点击"编辑（Edit）"—"可见性（Visibility）"—"浮动关闭（Ghost off）"，或点击工具栏上的"Unghost"按钮将选定的浮动零件或部件恢复为正常零件或部件。

浮动零件或部件在除SnapCAD以外的其他查看器中不会显示，因为它们是以注释的格式存储的，所以其他查看器会将它们解释为普通的注释。

我们经常结合使用缓冲区交换命令和浮动零件或部件，在"查看模型"模式下，动态显示模型的组装过程，例如动态显示一个销安装到一个单孔梁的组装过程，如图8-112所示。

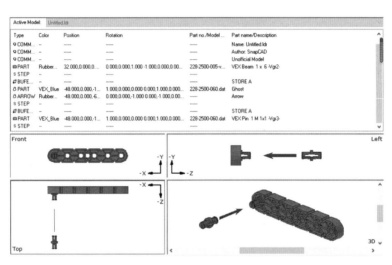

图8-112　组装过程

其步骤如下：

① 像往常一样添加连接零件1×6单孔梁。

② 添加一个步骤命令step。

③ 添加一个缓冲区交换命令，选择"Buffer：A"，不选"还原（Retrieve）"框。

④ 添加一个或多个浮动箭头和浮动零件或子模型：一个两节销和一个箭头。

⑤ 添加一个步骤命令step。

⑥ 添加一个缓冲区交换命令，选择"Buffer：A"，并选中"还原（Retrieve）"框。

⑦ 添加与④相同的零件（两节销）并插入到1×6单孔梁中。

⑧ 添加一个步骤命令step。

⑨ 继续添加其他零件和步骤。

导出零件列表如图8-113所示。零件列表中不包含缓冲区中的零件或部件、箭头等。

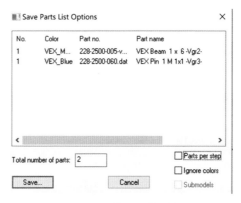

图8-113　模型零件列表

8.16　多部件项目

一个多部件项目包含多个子模型。子模型在同一个项目中单独创建，然后将零件添加到子模型中，由子模型装配成一个主子模型，由所有的子模型组成一个完整的多部件模型。所有的子模型都是单独存储的，可以在任何时候单独访问和编辑。对已经装配到主子模型中的子模型的更改将自动反映在主子模型中。一个多部件的项目文件可以作为一个单一的文件来处理和共享，文件扩展名为".mpd"。正常的非mpd项目文件只有一个".ldr"文件扩展名。SnapCAD在加载时自动识别不同的格式，并在保存时建议正确的格式。

（1）为什么要使用多部件项目

多部件项目是绘制复杂模型的最佳解决方案。例如当搭建复杂的机器人（手臂、底盘、控制器等）时，很难显示所有零件是如何搭建的。这时我们就可以将复杂的模型拆成几个部件，为每个部件分别创建一个子模型，并将它们装配在一个主子模型中。子模型的另一个优点是同一个子模型可以在同一个项目中多次使用。例如，蜘蛛机器人的每条腿都可以用一个标准的腿搭建。

（2）创建多部件项目

一个多部件的项目从一个普通的单一模型项目开始，直到通过在当前项目中创建一个新的子模型或者将一个现有的模型文件导入到当前项目中来添加一个子模型，该项目自动变成一个多部件的项目，并将使用".mpd"文件扩展名保存。

（3）添加子模型

① 从菜单中选择"（Multipart）"—"新模型（New Model）"以显示模型信息（Model information）对话框，并输入新子模型的名称和描述。点击确定添加新的子模型。

② 在SnapCAD中创建一个新的空模型并在屏幕上显示。如果这是添加的第一个子模型，将SnapCAD切换到多部件项目模式，并激活模型零件列表窗上面的活动模型下拉列表。当添加其他子模型时，它们的名字也会出现在下拉列表中。单击列表中的子模型名称将激活并显示选定的子模型以供编辑或查看。

（4）修改子模型信息

激活子模型并从菜单中选择"多部件（Multipart）"—"修改模型信息（Change Model Information）"来显示模型信息（Model information）对话框。更改模型的名称或描述，完成后按确定按钮。例如"Untitled.ldr"可以重命名为"Main.ldr"或其他有意义的名称，以表示它是主子模型，其中所有子模型部件被装配起来形成完整的项目模型。

（5）插入一个子模型作为零件

① 在零件树窗口中有一个名为"文档（Document）"的类别，单击它将显示当前活动的所有子模型的列表。mpd项目作为缩略图在零件预览窗口显示。子模型可以像正常零件一样拖入视图区用来搭建模型。

② 通过选择"编辑（Edit）"—"添加（Add）"—"零件（Part）"并勾选自定义零件（Custom Part）框，可以将现有的模型文件作为零件添加到Documents（文档）类别中，然后浏览到一个现有的".ldr"模型，点击"OK"按钮，新的子模型就被添加到文档类别中了，并且可以使用了。

③ SnapCAD检查子模型中现有的递归包含，如果项目中出现任何错误，则显示错误。例如：活动项目包括3个子模型a、b和c，主子模型a包括子模型b，子模型b包括子模型c。

a. 有效的操作是：将子模型b包括到主子模型a中，或者将子模型c包括到主子模型a中。

b. 无效的操作是：将子模型b包含到子模型c中，或者将子模型a包含到子模型c中。

（6）切换子模型

要想查看子模型的搭建步骤或修改子模型，必须首先激活此子模型并在视图窗口中显示它。SnapCAD提供了两种激活子模型的方法。

① 从菜单中选择"多部件（Multipart）"—"激活模式（Activate Model）"，在弹出的对话框中选择所需的子模型并单击确定。

② 从模型下拉列表中选择一个子模型。

（7）子模型顺序

SnapCAD按照列出的顺序为每个子模型生成搭建步骤。因此，项目的子模型应该按照它们在搭建说明中显示的顺序排列，并由用户排序。在对话框中，通过选择子模型并使用向上移动或向下移动按钮，按照需要重新排列模型。

（8）导入导出模型

① 单个模型：在当前多部件项目之外创建的".ldr"文件可以作为子模型添加到当前多部件项目中。当前活动的多部件项目中的单个子模型也可以复制并保存为单个模型。

② 导入模型：将".ldr"模型导入到当前活动的多部件项目中，从菜单中选择"多部件（Multipart）"—"导入（Import Model）"并选择".ldr"文件导入对话框中，然后单击确定。该模型将被添加到子模型列表中，并准备在当前项目中使用。

③ 导出模型：从菜单中选择"多部件（Multipart）>导出（Export Models）"将当前多部件项目中的子模型中的".ldr"模型文件导出。将子模型单独保存为".ldr"文件，然后点击确定。

8.17　模型生成器

⚙ 8.17.1　箭头生成器（Arrow Generator）

箭头在模型说明中非常有用，可以显示应该如何放置零件和子模型，以帮助搭建者更容易地搭建模型。通常，箭头表示在进行下一步之前浮动零件要连接的位置。自定义箭头部件是二维的，需要注意箭头是如何定位的，以便在三维视图窗口中查看搭建步骤。按照下面的步骤创建一个自定义箭头。

（1）创建一个箭头

单击"扩展（Extras）"—"生成器（Generators）"—"箭头（Arrow）"命令或扩展工具栏（Extras Toolbar）上的相应按钮来激活箭头生成器（Arrow Generator）对话框。如图8-114所示，按照尺寸关系图，在参数文本框中输入各种箭头参数，右上角可以预览箭头形状。

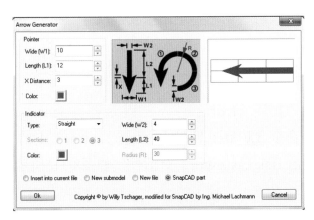

图8-114　箭头生成器

① 指针（Pointer）部分的宽度、长度、距离x和颜色位于左上角的输入字段中。

② 指示器（Indicator）部分是箭头的轴。选择指标区段的类型，选择"无"表示没有指标，选择"直"表示直线，选择"圆"表示由1到3个分段组成的圆角指标区段，结果是90°、180°或270°。

（2）在模型中添加箭头

SnapCAD提供了一些通过箭头生成器对话框中的单选按钮将生成的箭头添

加到模型和部件库中的方法。这些方法描述如下：

① SnapCAD Part默认设置：该设置是向活动模型中添加自定义箭头的最佳和最灵活的方式。它允许用户随时修改生成的箭头，生成的箭头与其他零件一样可以在编辑视图中移动和旋转。

② 插入到当前模型中：直接将箭头插入到当前项目文件中，这使得项目结构变得简单，但是在视图窗口中处理生成的箭头比较困难，因为箭头由多个部分组成，所以不能修改生成的箭头。

③ 新子模型切换到多部件文档模式：该模式存储各种子模型。将箭头作为子模型生成，并将其作为普通部分处理，但是，不能修改生成的箭头。

④ 在一个全新的文件中创建箭头：这个文件以后可以作为子模型包含进来，但是，不能修改生成的箭头。

8.17.2 橡胶带生成器

橡胶带在模型的各个零件之间有许多不同的用途。一个真正的橡胶带可以在两个滑轮之间伸展。可根据需要定制橡胶带尺寸。按照下面的步骤创建一个自定义橡胶带。

（1）创建一个橡胶带

单击菜单中的"扩展（Extras）"—"生成器（Generators）"—"橡胶带（Rubber Belt）"命令或扩展工具栏（Extras Toolbar）上的相应按钮来激活橡胶带生成器（Rubber Belt Generator）对话框，如图8-115所示。

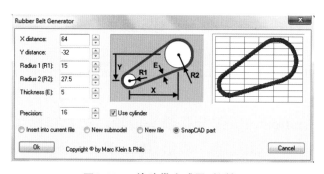

图8-115　橡胶带生成器对话框

使用尺寸图输入各种尺寸参数。右上角的预览图形将显示当前输入的橡胶带形状。

① x和y是橡胶带所放置的滑轮中心之间的距离。

② 半径1和半径2指两个滑轮的直径。

③ 厚度指橡胶带的厚度。

④ 精度（Precision），可以通过调整精度值对橡胶带视图进行一定程度的微调。

⑤ 圆柱形（Use cylinder）复选框，如果未选中，则使用的橡胶带为方形带（截面为方形）；如果选中，则橡胶带为O形带（截面圆形）。

（2）模型中添加橡胶带

SnapCAD提供了一些可以使用橡胶带生成器对话框中的单选按钮将生成的橡胶带添加到模型和零件库中的方法。选择不同单选框的功能如下：

① SnapCAD part：选中此单选框表示生成的橡胶带作为一个零件添加到模型中，用户可以根据需要随时修改生成的橡胶带，橡胶带在编辑视图中与其他零件一样可以移动和旋转。

② Insert into current file：选中此单选框表示在编辑模式下直接将生成的橡胶带插入到当前模型中，这种情况是最简单的，橡胶带可以和其他零件一样移动和旋转，还可以根据需要随时修改。

③ New submodel：选中此单选框表示将生成的橡胶带作为子模型，可以随时作为子模型插入到模型中，与其它零件一样可以移动和旋转，但是，无法修改生成的橡胶带。

④ New file：选中此单选框表示将生成的橡胶带作为一个文件保存，可以用在子模型中，但是，生成的橡胶带不能进行修改。

第 9 章

SnapCAD
搭建案例

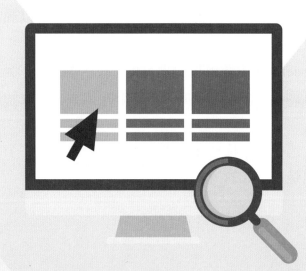

9.1 稻草人

稻草人（图9-1）由控制器部件、底座部件和小人部件组成，首先搭建三个部件，然后再将它们组装成一个完整的稻草人。

图9-1 稻草人

⚙ 9.1.1 搭建控制器部件

控制器部件如图9-2所示。

① 新建控制器部件。点击Multipart—New Model，将文件命名为controler.ldr，如图9-3所示。

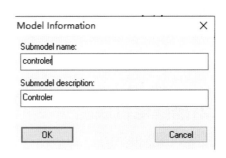

图9-2 控制器部件　　　　图9-3 新建控制器部件

② 插入控制器。选择VEX Control System—VEX Robot Brain with Battery and 2.4GHz Radio Module -Vgr7-，插入控制器如图9-4所示。

③ 安装4个销。选择VEX Pins & Standoffs—VEX Pin 1M 1x1 -Vgr3-。将4个销分别插在控制器上。将4个销组合，组名为Group Pin-4，如图9-5所示。

④ 安装2个连接器。选择VEX Connectors—VEX Connector 2 Wide Base 2x2 Tab -Vgr4-。将2个连接器按图9-6所示位置安装在主控制器上。

⑤ 复制4个销。复制4个销并安装到控制器另一侧，如图9-7所示。

⑥ 安装2个连接器。选择VEX Connectors—VEX Connector 2 Wide Base 2x2 Tab -Vgr4-。将2个连接器按图9-8所示位置安装在主控制器上。

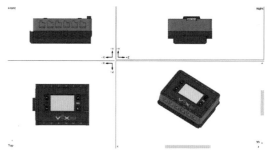

图9-4　插入控制器

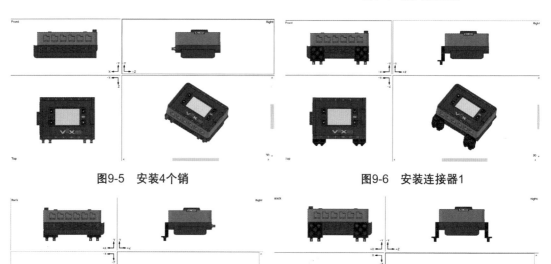

图9-5　安装4个销　　　　　　　　　图9-6　安装连接器1

图9-7　复制销　　　　　　　　　图9-8　安装连接器2

9.1.2 搭建电机底座

电机底座如图9-9所示。

① 新建电机部件。选择Multipart—New Model，如图9-10所示，文件命名为Motor.ldr。

图9-9　电机底座

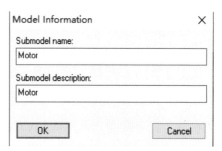

图9-10　新建电机部件

② 选择电机。选择VEX Control System—VEX Smart Motor-Vgr7-，将所选电机拖入到编辑区中，如图9-11所示。

③ 安装8个销。首先选择1个销，点击VEX Pins & Standoffs—VEX Pin 1M 1x1 -Vgr3-，并将其拖入到编辑区中，对准一个电机孔正确安装。选择该销，然后按住Ctrl，按住鼠标左键移动复制另外7个插到电机孔中。将8个销组合在一起，组合名为Group Pin-8，如图9-12所示。

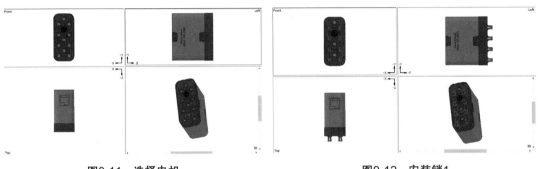

图9-11　选择电机　　　　　　　　图9-12　安装销1

④ 安装1个4M长的钢轴。选择VEX Axles & Spacers—VEX Axle 4M Plastic with Stop at 0.5M-Vgr1 -。将1个电机轴插在电机方孔中，如图9-13所示。

⑤ 安装4×4宽板。选择VEX Beams & Plates—VEX Plate 4 X 4-Vgr2-，将宽板安装在电机上，如图9-14所示。

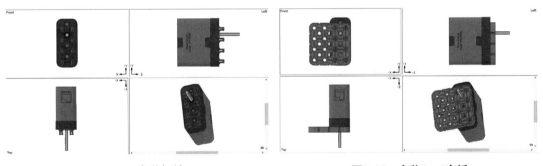

图9-13　安装钢轴　　　　　　　　图9-14　安装4×4宽板

⑥ 安装4个销。选择VEX Pins & Standoffs—VEX Pin 1M 1x1 -Vgr3-，将4个销插在宽板中。将4个销组合在一起，组合名为Group Red pin-4，如图9-15所示。

⑦ 安装2×10双格板。选择VEX Beams & Plates—VEX Beam 2 x 10-Vgr2-，将双格板安装在宽板上，如图9-16所示。

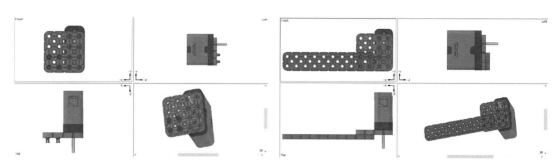

图9-15 安装销2　　　　　　　　　　　图9-16 安装双格板

⑧ 安装2个连接器。选择VEX Connectors—VEX Connector 2 Wide Base 2x2 Tab -Vgr4-。将2个连接器分别插在双格板上。将这两个连接器组合，组合名为 Group Connector-4-2，如图9-17所示。

⑨ 安装8个销。选择VEX Pins & Standoffs—VEX Pin 1M 1x1 -Vgr3-，将8个销 插在连接器上。将8个销组合在一起，组合名为Group Blue pin-8，如图9-18所示。

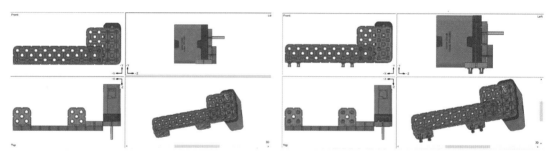

图9-17 安装连接器　　　　　　　　　图9-18 安装销3

⑩ 安装12×12宽板。选择VEX Beams & Plates—VEX plate 12 x 12-Vgr2-，将宽板安装在连接器上，如图9-19所示。

⑪ 安装1个垫片。选择VEX Axles & Spacers—VEX Axle Spacer 0.25M-Vgr1-。将1个垫片套在轴上，如图9-20所示。

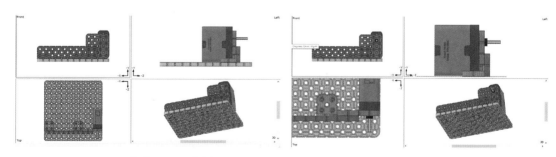

图9-19 安装12×12宽板　　　　　　　图9-20 安装垫片

⑫ 安装1个齿轮。选择VEX Gears & Motion—VEX Gear 36 Tooth-Vgr6-。将1个36齿的齿轮套在轴上，如图9-21所示。

⑬ 安装1个橡胶套。选择VEX Axles & Spacers—VEX Rubber Axle Bush with Flat Sides-Vgr1-。将1个橡胶套套在齿轮的外侧，固定齿轮，如图9-22所示。

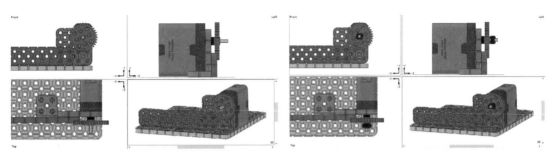

图9-21　安装齿轮　　　　　　　　　　图9-22　安装橡胶套

⑭ 安装1个支撑柱。选择VEX Pins & Standoffs—VEX Pin Standoff 1M-Vgr3-，将1个支撑柱插在齿轮上，如图9-23所示。

⑮ 安装控制器。选择Documents—Controler，将控制器安装在底板上合适的位置，如图9-24所示。

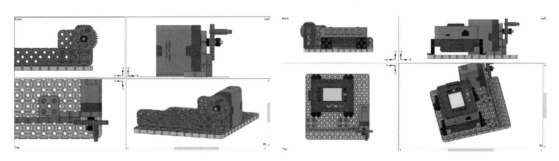

图9-23　安装支撑柱　　　　　　　　　图9-24　安装控制器

9.1.3 搭建小人

小人模型如图9-25所示。

① 新建小人部件。选择Multipart—New Model，文件命名为Man.ldr，如图9-26所示。

② 插入1×6单孔梁。选择VEX Beams & Plates—VEX Beam 1 X 6-Vgr2-，并将其拖拽到视图编辑框中，如图9-27所示。

图9-25　小人模型

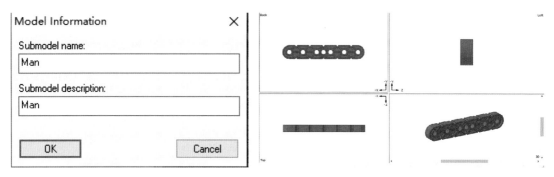

图9-26　新建小人部件　　　　　　　　图9-27　插入单孔梁

③ 安装4个1×2的销和1个1×1的销。选择VEX Pins & Standoffs—VEX Pin 1M 1x1 -Vgr3-，将销插在中间孔中，选择VEX Pins & Standoffs—VEX Pin 1.5M 1x2 -Vgr3-，将4个销分别插在梁上，如图9-28所示。

④ 安装2个1×5单孔梁。选择VEX Beams & Plates—VEX Beam 1 x 5-Vgr2-，将2个单孔梁分别插在绿色单孔梁的两端，如图9-29所示。

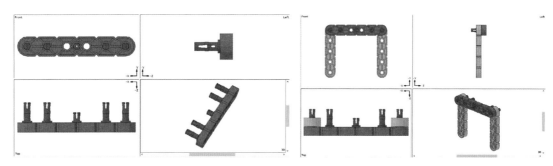

图9-28　安装销1　　　　　　　　　图9-29　安装单孔梁1

⑤ 安装2个1×1的销。选择VEX Pins & Standoffs—VEX Pin 1M 1x1 -Vgr3-，将2个销分别插在黄色的单孔梁上，如图9-30所示。

⑥ 安装1个1×6单孔梁。选择VEX Beams & Plates—VEX Beam 1 x 6-Vgr2-，将1个单孔梁插在黄色单孔梁的一端，如图9-31所示。

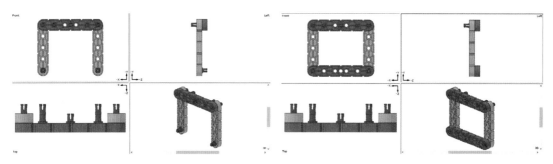

图9-30　安装销2　　　　　　　　　图9-31　安装单孔梁2

⑦ 安装2个1×1的销。选择VEX Pins & Standoffs—VEX Pin 1M 1x1 -Vgr3-，将2个销分别插在黄色的单孔梁上，如图9-32所示。

⑧ 安装1个1×6单孔梁。选择VEX Beams & Plates—VEX Beam 1 x 6-Vgr2-，将这个单孔梁插在黄色单孔梁的中间，如图9-33所示。

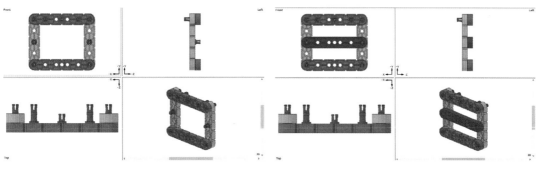

图9-32　安装销3　　　　　　　　　图9-33　安装单孔梁3

⑨ 安装2个1×2的销。选择VEX Pins & Standoffs—VEX Pin 1.5M 1x2 -Vgr3-，将2个销分别插在单孔梁上，如图9-34所示。

⑩ 安装1个1×9单孔梁。选择VEX Beams & Plates—VEX Beam 1 x 9-Vgr2-，将这个单孔梁安装在中间，如图9-35所示。

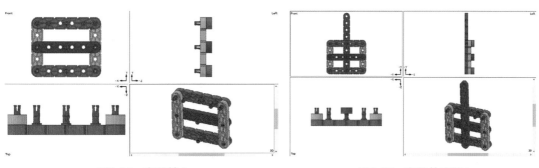

图9-34　安装销4　　　　　　　　　图9-35　安装单孔梁4

⑪ 安装2个60°弯梁。选择VEX Beams & Plates—VEX Beam Bent 60 3 x 3-Vgr2-，将2个弯梁安装在绿色梁上，作为手臂，如图9-36所示。

⑫ 安装6个1×1的销。选择VEX Pins & Standoffs—VEX Pin 1M 1x1 -Vgr3-。将6个销分别插在弯梁上。将6个销组合在一起，命名为Group Pin-6，如图9-37所示。

⑬ 安装2个1×6单孔梁。选择VEX Beams & Plates—VEX Beam 1 x 6-Vgr2-，将2个单孔梁安装在弯梁上，加长手臂，如图9-38所示。

⑭ 安装1个1×1的轴销。选择VEX Pins & Standoffs—VEX Pin Idler 1M 1x1 -Vgr3-。将这个轴销插在蓝色单孔梁的一端，如图9-39所示。

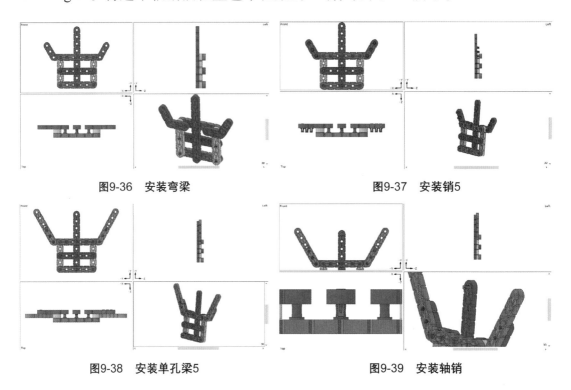

图9-36　安装弯梁　　　　　　　　　　图9-37　安装销5

图9-38　安装单孔梁5　　　　　　　　　图9-39　安装轴销

⑮ 安装1个链轮。选择VEX Gears & Motion—VEX Sprocket 8 Tooth -Vgr6-。将链轮插在轴销上，作为头部，如图9-40所示。

⑯ 安装1个销。选择VEX Pins & Standoffs—VEX Pin 1M 1x1 -Vgr3-。将销插在链轮上，作为嘴巴，如图9-41所示。

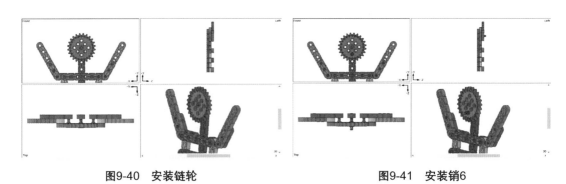

图9-40　安装链轮　　　　　　　　　　图9-41　安装销6

⑰ 安装2个销。选择VEX Pins & Standoffs—VEX Pin with Axle Bush -Vgr3-。将2个销插在链轮上，作为眼睛，如图9-42所示。

⑱ 安装2个销。选择VEX Pins & Standoffs—VEX Pin 1M 1x1 -Vgr3-。将2

个销插在绿色单孔梁上，如图9-43所示。

⑲ 安装2个1×6单孔梁。选择VEX Beams & Plates—VEX Beam 1 x 6-Vgr2-，将2个单孔梁安装在身体上，作为2条腿，并旋转一定的角度，如图9-44所示。

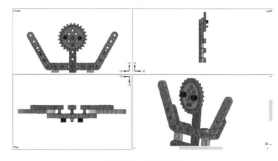

图9-42　安装销7

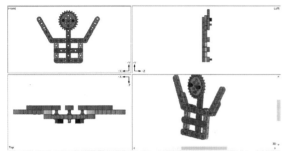

图9-43　安装销8

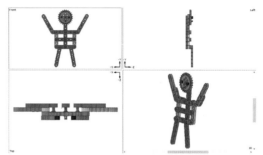

图9-44　安装单孔梁

⚙ 9.1.4 搭建稻草人

① 新建小人部件。选择Multipart—New Model，文件命名为Scarecrow.ldr。如图9-45所示。

② 插入电机底座。选择Documents—Motor，并将电机底座拖拽到视图编辑框中，如图9-46所示。

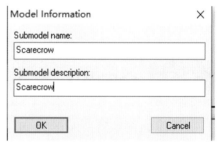

图9-45　新建小人部件

③ 安装2个支撑柱。选择VEX Pins & Standoffs—VEX Pin Standoff 0.5M -Vgr3-，将2个支撑柱插在蓝色双格板上，如图9-47所示。

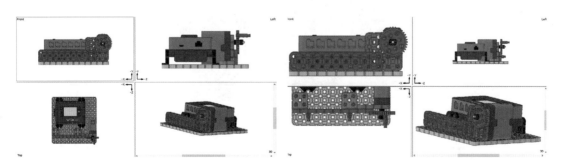

图9-46　插入电机底座　　　　　　图9-47　安装支撑柱1

④ 安装小人。选择Documents—Man，将小人安装在蓝色双孔板的支撑柱上，如图9-48所示。

⑤ 安装1个支撑柱。选择VEX Pins & Standoffs—VEX Pin Standoff 0.25M -Vgr3-。将支撑柱插在小人腿上，如图9-49所示。

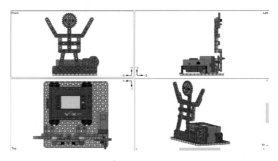

图9-48　安装小人

⑥ 安装1个1×6单孔梁。选择VEX Beams & Plates—VEX Beam 1 x 6-Vgr2-，用这个单孔梁连接齿轮和腿，作为连杆传递运动，如图9-50所示。

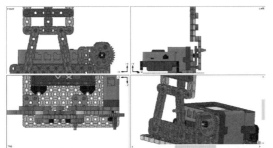

图9-49　安装支撑柱2

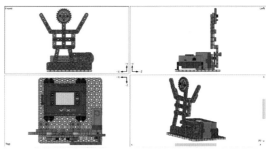

图9-50　安装单孔梁

9.2　全向轮机器人

搭建如图9-51所示的全向轮机器人。

图9-51　全向轮机器人

9.2.1 搭建控制器

① 新建主控制器部件。选择Multipart—New Model，文件命名为controler.ldr，如图9-52所示。

② 插入控制器。选择VEX Control System—VEX Robot Brain with Battery and 2.4GHz Radio Module -Vgr7-，如图9-53所示。

③ 安装8个销钉。选择VEX Pins & Standoffs—VEX Pin 1M 1x1 -Vgr3-。将8个销钉分别插在控制器上，如图9-54所示。

④ 安装4个2×2连接件。选择VEX Connectors—VEX Connectors 2 Wide Base 2x2 Tab-Vgr4-。将4个连接件按图9-55所示位置安装在销钉上。

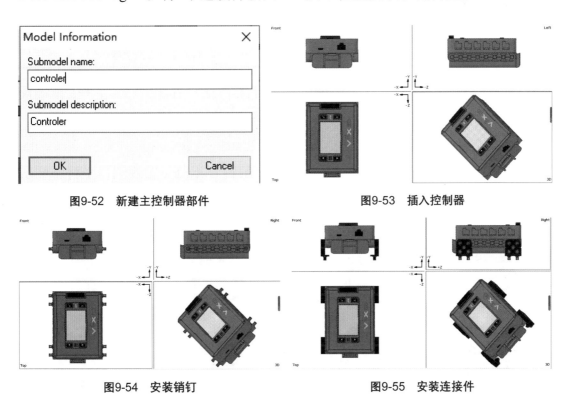

图9-52　新建主控制器部件　　图9-53　插入控制器

图9-54　安装销钉　　图9-55　安装连接件

9.2.2 搭建全向轮

① 新建车轮部件。选择Multipart—New Model，文件命名为carwheel.ldr，如图9-56所示。

② 选择全向轮。选择VEX Wheels & Tires—VEX Wheel Omni-Directional 200

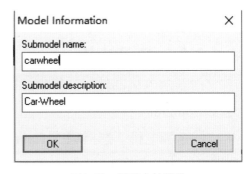

图9-56　新建车轮部件

mm Travel-Vgr5-，并拖入到编辑区中，如图9-57所示。

③ 安装1个支撑柱。选择支撑柱VEX Pins & Standoffs—VEX Pin Standoff 1M-Vgr3-，并拖入到编辑区中，设置支撑柱颜色为蓝色，选择粗网格，首先将支撑柱方位旋转正确，然后将支撑柱精确地插入到全向轮轮毂的孔中，如图9-58所示。

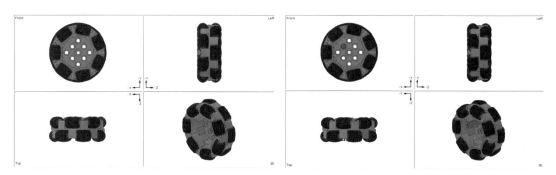

图9-57　选择全向轮　　　　　　　　　　图9-58　安装支撑柱1

④ 安装3个支撑柱。按住Ctrl键，复制1个支撑柱并对准另外一个孔，准确捕捉孔中心将支撑柱插入到全向轮轮毂中。同理，再复制另外2个，如图9-59所示。

⑤ 安装1个锁轴板。选择VEX Beams & Plates—VEX Beam 2 x 2 with Center Axle Hole-Vgr2-，将锁轴板拖入到编辑区，旋转其方向与轮毂侧面平行，然后将锁轴板安装到轮毂的支撑柱上，如图9-60所示。

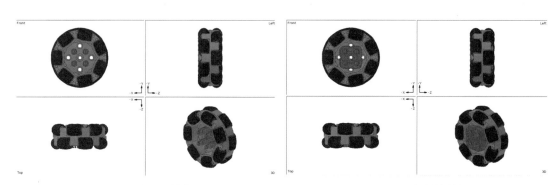

图9-59　安装支撑柱2　　　　　　　　　　图9-60　安装锁轴板

9.2.3　搭建电机

① 新建电机部件。选择Multipart—New Model，如图9-61所示，文件命名为carMotor.ldr。

② 选择电机。选择VEX Control System—VEX Smart Motor-Vgr7-，并拖入到编辑区中，如图9-62所示。

③ 安装8个支撑柱。选择1个单位支撑柱VEX Pins & Standoffs—VEX Pin Standoff 0.5M -Vgr3-，并拖入到编辑区中，对准一个电机孔正确安装。选择该支撑柱，然后按住Ctrl键，按住鼠标左键移动复制另外7个支撑柱插到电机孔中。采用支撑柱代替1M销，目的是在固定电机板与电机之间的轴上添加一个橡胶套，来固定电机，防止电机脱落，如图9-63所示。

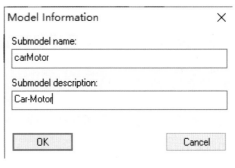

图9-61　新建电机部件

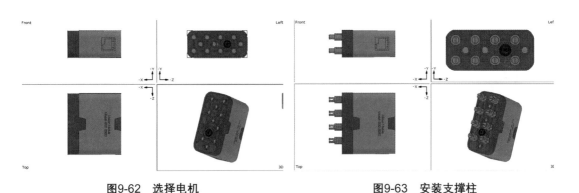

图9-62　选择电机　　　　　　　图9-63　安装支撑柱

9.2.4 搭建左轮传动系统

① 新建左轮传动系统部件。选择Multipart—New Model，如图9-64所示，文件命名为leftwheel.ldr。

② 插入2×12双格板。选择VEX Beams & Plates—VEX Beam 2 x 12-Vgr2-，选择2×12的双格板，设置颜色为蓝色，旋转其方向，如图9-65所示。

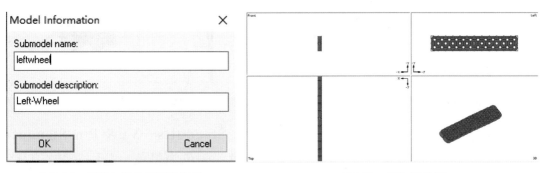

图9-64　新建左轮传动系统部件　　　　图9-65　插入双格板

③ 安装1个塑料帽轴。选择VEX Axles & Spacers—VEX Axle 3M–Plastic with End Stop-Vgr1-，选择塑料帽轴，设置颜色为黄色，插在中间孔内，如图9-66所示。

④ 安装2个钢轴。选择VEX Axles & Spacers—VEX Axle 7M–Plastic with End Stop-Vgr1-，选择2个钢轴，设置颜色为灰色，分别插在两端第3个孔内，如图9-67所示。

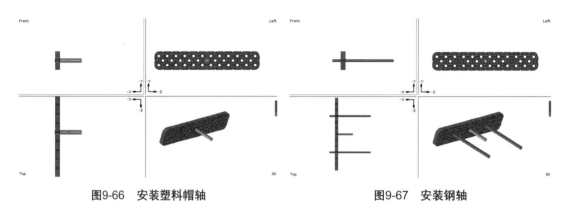

图9-66　安装塑料帽轴　　　　　　　　　图9-67　安装钢轴

⑤ 安装3个薄垫片。选择VEX Axles & Spacers—VEX Axle Washer-Vgr1-，选择3个薄垫片，设置颜色为黑色，分别插在3根轴上，目的是减少板与齿轮之间的摩擦力，如图9-68所示。

⑥ 安装3个36齿的齿轮。选择VEX Gears & Motion—VEX Gear 36 Tooth-Vgr1-，选择3个36齿齿轮，设置颜色为绿色，分别插在3根轴上，3个齿轮正好啮合在一起，在两个车轮之间传递动力，如图9-69所示。

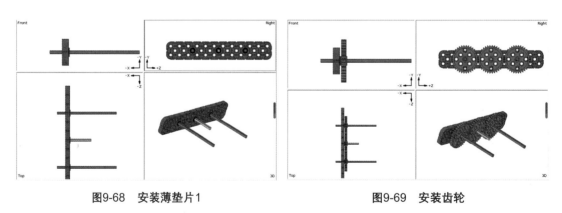

图9-68　安装薄垫片1　　　　　　　　　图9-69　安装齿轮

⑦ 安装2个支撑柱。选择VEX Pins & Standoffs—VEX Pin Standoff 0.5M -Vgr3 -，选择2个1个单位的支撑柱，设置颜色为黑色，分别安装在双格板两端中间第一个孔上，用来支撑两个板，防止两个板夹紧齿轮，增加齿轮的

摩擦力，导致齿轮运动不畅，如图9-70所示。

⑧ 安装3个薄垫片。添加3个与步骤⑤一样的薄垫片，套在齿轮轴上，如图9-71所示。

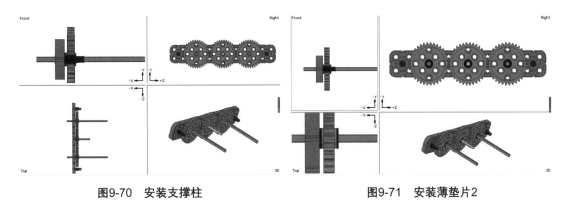

图9-70　安装支撑柱　　　　　　　　　图9-71　安装薄垫片2

⑨ 安装2×12双格板。添加与步骤②一样的双格板，装配在车轮上面，如图9-72所示。

⑩ 安装3个橡胶套。选择VEX Axles & Spacers—VEX Rubber Axle Bush with Flat Sides -Vgr1-，选择3个橡胶套，设置颜色为黑色，分别插在3根轴上，目的是锁住轴，相当于螺母。此外，橡胶套还起到普通轴套的作用，减少全向轮与板之间的摩擦力，如图9-73所示。

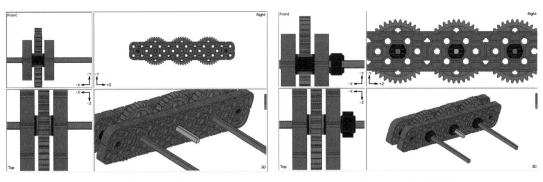

图9-72　安装双格板1　　　　　　　　　图9-73　安装橡胶套1

⑪ 安装2个全向轮。选择Document—Car-Wheel，选择2个自定义全向轮部件，分别插在1个钢轴上，如图9-74所示。

⑫ 安装2个橡胶套。选择一个橡胶套，按住Ctrl键，再移动复制出1个橡胶套，将2个橡胶套分别插在全向轮的钢轴上，固定住全向轮，如图9-75所示。

⑬ 安装1个2×12的双格板。选择视图中的双格板，按住Ctrl键，移动复制1个，安装在全向轮侧面，如图9-76所示。

⑭ 安装4个橡胶套。选择一个橡胶套，按住Ctrl键，移动复制2个，安装在全向轮右侧的两个钢轴上，固定住双格板。将右视图更换为左视图。再同样复制2个橡胶套，固定在齿轮右侧双格板外侧的钢轴上，如图9-77所示。

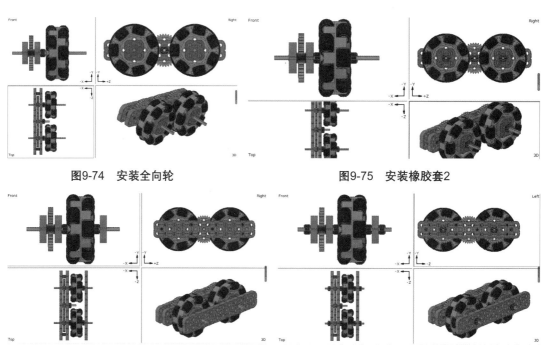

图9-74　安装全向轮　　　　　　　　　　图9-75　安装橡胶套2

图9-76　安装双格板2　　　　　　　　　　图9-77　安装橡胶套3

⑮ 安装4个橡胶套。选择一个橡胶套，按住Ctrl键，移动复制2个，安装在全向轮右侧的两个钢轴上，固定住双格板。将右视图更换为左视图。再同样复制2个橡胶套，固定在齿轮右侧双格板外侧的钢轴上，如图9-78所示。

⑯ 安装8个销钉。选择VEX Pins & Standoffs—VEX Pin 1M 1x1 -Vgr3-。将8个销钉分别插在连接件上，如图9-79所示。

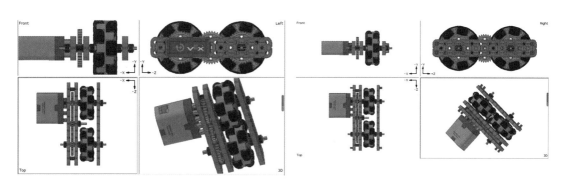

图9-78　安装橡胶套4　　　　　　　　　　图9-79　安装销钉

⑰ 安装4个3孔连接件。选择VEX Connectors—VEX Connectors 2 Wide Base 2x1.5 Tab -Vgr4-。将4个连接件按图9-80所示位置安装在销钉上。

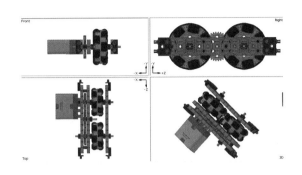

图9-80 安装连接件

9.2.5 搭建右轮传动系统

① 新建右轮传动系统部件。选择Multipart—New Model，如图9-81所示，文件命名为rightwheel.ldr。

② 按照左轮传动系统的搭建步骤，对称搭建右轮传动系统，如图9-82所示。

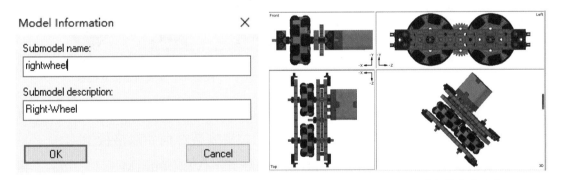

图9-81 新建右轮传动系统部件　　　图9-82 搭建完成后的右轮传动系统

9.2.6 搭建移动底盘

① 新建底盘部件。选择Multipart—New Model，如图9-83所示，文件命名为carmove.ldr。

② 插入1个2×20双格板。选择VEX Beams & Plates—VEX Beam 2 x 20-Vgr2-，选择2×12的双格板，设置颜色为蓝色，旋转其方向，如图9-84所示。

③ 将左车轮传动和右车轮传动拖入到编辑窗口中。选择Document—Left-

Wheel，将左车轮传动拖入到编辑窗口，再选择Document—Right-Wheel，将右车轮传动也拖入到编辑窗口中，放好位置，将2×20的双格板固定在车底盘的后面。其方向如图9-85所示。

④ 安装前连接双格板。选择2×20的双格板，按住Ctrl键，按住鼠标左键移动复制1个2×20的双格板，安装在车的前面，如图9-86所示。

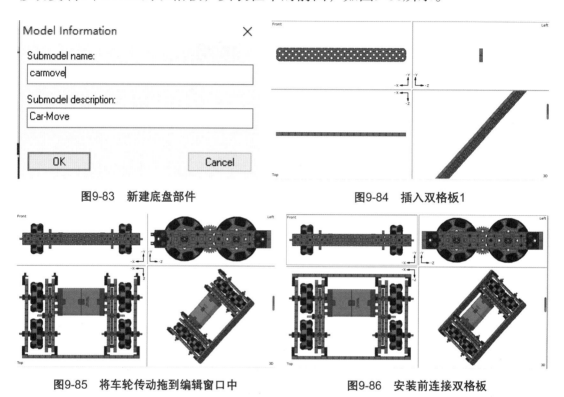

图9-83　新建底盘部件　　　　　　　　　图9-84　插入双格板1

图9-85　将车轮传动拖到编辑窗口中　　　　图9-86　安装前连接双格板

⑤ 安装4个3孔连接件。选择VEX Connectors—VEX Connectors 2 Wide Base 2x1.5 Tab-Vgr4-。将4个连接件按图9-87所示位置安装在前后双格板上。

⑥ 安装8个销钉。选择VEX Pins & Standoffs—VEX Pin 1M 1x1 -Vgr3-。将8个销钉分别插在连接件上，如图9-88所示。

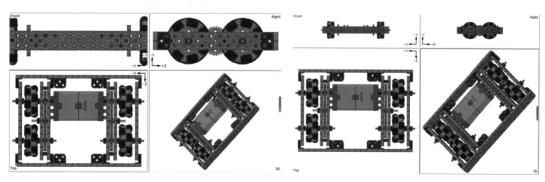

图9-87　安装连接件　　　　　　　　　图9-88　安装销钉

⑦ 插入2个12单位双格板。选择VEX Beams & Plates—VEX Beam 2 x 12-Vgr2-，选择2×12的双格板，设置颜色为灰色，安装在连接件的销钉上，如图9-89所示。

⑧ 安装主控制器。选择Document—controler，将主控制器安装在两个灰色的2×12的双格板上，如图9-90所示。

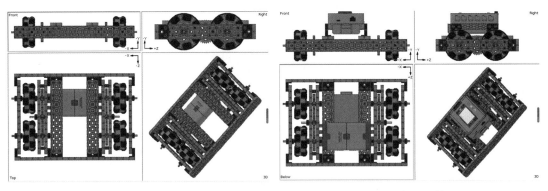

图9-89 插入双格板2　　　　　　　图9-90 安装主控制器

9.2.7 电机连线、保存文件

将底盘插入到主文件编辑视图中，前方安装上超声波传感器，后方上面安装两个TouchLED（触屏传感器）作为开关。连接数据线，端口1连接左电机，端口7连接右电机，端口2接左边TouchLED，端口8接右边TouchLED，端口6接超声波传感器。一个全向轮机器人就搭建好了，保存文件名为Omni-Car.mpd，如图9-91所示。

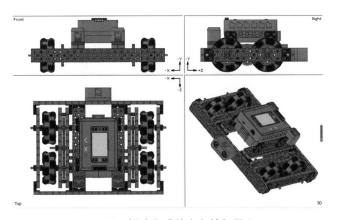

图9-91 搭建完成的全向轮机器人

9.3　三轮全向机器人

搭建如图9-92所示的三轮全向机器人。

图9-92　三轮全向机器人

9.3.1　搭建控制器

① 新建主控制器部件。选择Multipart—New Model，文件命名为controler.ldr，如图9-93所示。

② 插入控制器。选择VEX Control System—VEX Robot Brain with Battery and 2.4GHz Radio Module -Vgr7-，如图9-94所示。

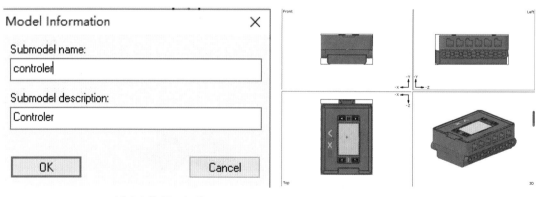

图9-93　新建主控制器部件　　　　图9-94　插入控制器

③ 安装8个销。选择VEX Pins & Standoffs—VEX Pin 1M 1x1 -Vgr3-，将8个销分别插在控制器上。将左边4个销组合，组名为Pin-4-L，将右边4个销组合，组名为Pin-4-R，如图9-95所示。

④ 安装4个30°弯梁。选择VEX Beams & Plates—VEX Beam 30 3x3 -Vgr2-。将4个弯梁按图9-96所示位置安装在主控制器上。

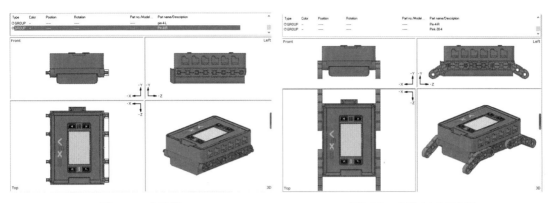

图9-95 安装销　　　　　　　图9-96 安装4个30°弯梁

9.3.2 搭建电机

① 新建电机部件。选择Multipart—New Model，如图9-97所示，文件命名为WheelMotor.ldr。

② 选择电机。VEX Control System—VEX Smart Motor-Vgr7-，将电机拖入到编辑区中，如图9-98所示。

③ 安装8个支撑柱。选择VEX Pin Standoffs—VEX Pin Standoff 0.5M -Vgr3-，将支撑柱拖入到编辑区中，对准一个电机孔正确安装。选中该支撑柱，然后按住Ctrl键，按住鼠标左键移动复制另外7个支撑柱，并插到电机孔中。采用支撑柱代替1M销，目的是在固定电机板与电机之间的轴上添加一个橡胶套，来固定电机，防止电机脱落。将8个支撑柱组合在一起，组合名为Std-green-0.5M-8，如图9-99所示。

Model Information ✕

Submodel name:

WheelMotor

Submodel description:

WheelMotor

OK　　　Cancel

图9-97 新建电机部件

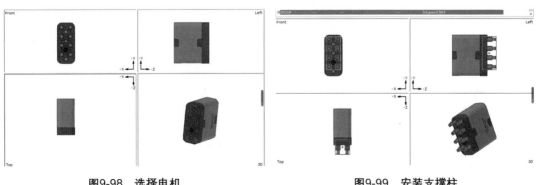

图9-98 选择电机　　　　　　图9-99 安装支撑柱

9.3.3 搭建车架

① 新建车架部件。选择Multipart—New Model，文件命名为CarFrame.ldr，如图9-100所示。

② 插入4×4宽板。选择VEX Beams & Plates—VEX Beam 2 x 4-Vgr2-，将宽板拖拽到视图编辑框中，如图9-101所示。

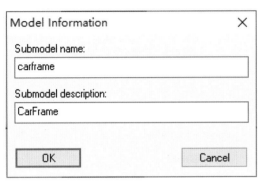

图9-100　新建车架部件

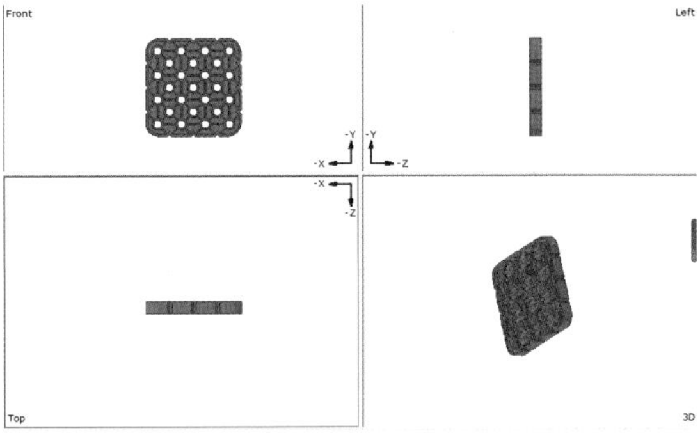

图9-101　插入宽板

③ 安装4个销。选择VEX Pins & Standoffs—VEX Pin 1M 1x1 -Vgr3-。将4个销分别插在连接件上，如图9-102所示。

④ 安装4个角连接。选择VEX Connectors—VEX Connector corner 1x1x1 -Vgr4-。将4个角连接分别插在宽板上，用销固定在一起，如图9-103所示。

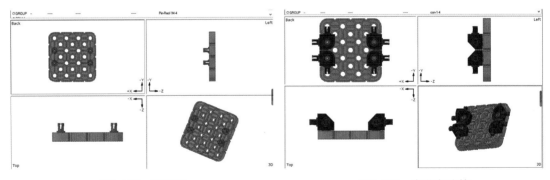

图9-102　安装销

图9-103　安装角连接

⑤ 安装2个1×2单孔梁。选择VEX Beams & Plates—VEX Beam 1x2 -Vgr2-。用2个单孔梁固定4个角连接，如图9-104所示。

⑥ 安装4个60°弯梁。选择VEX Beams & Plates—VEX Beam 60 3x3 -Vgr2-。将4个弯梁安装在宽板侧边，用角连接固定，4个弯梁组合为Green60-4，如图9-105所示。

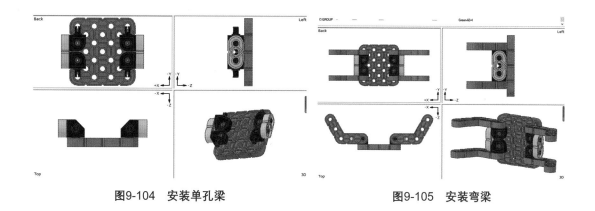

图9-104 安装单孔梁　　　　　　　　图9-105 安装弯梁

⑦ 安装1个4M长的钢轴。选择VEX Axles & Spacers—VEX Axle 4M -Vgr1-。将钢轴插在宽板的中心孔中，如图9-106所示。

⑧ 安装2个橡胶套。选择VEX Axles & Spacers—VEX Rubber Axle Bush with Flat Sides-Vgr1-。将2个橡胶套分别固定在轴的两端，如图9-107所示。

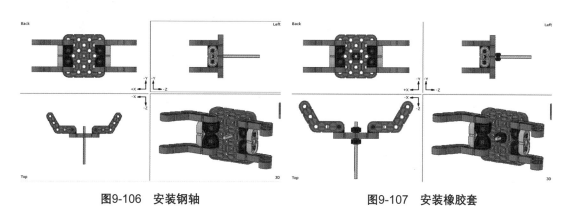

图9-106 安装钢轴　　　　　　　　图9-107 安装橡胶套

9.3.4 搭建轮系

① 新建车轮部件。选择Multipart—New Model，如图9-108所示，文件命名为wheel。

② 插入车架。选择Document—CarFrame，将车架拖入到编辑区中，如图9-109所示。

③ 插入车轮电机。选择Document—WheelMotor，将车轮电机拖入到编辑区中，固定在宽板上，如图9-110所示。

④ 安装全向轮。选择VEX Wheels & Tires—VEX Wheel Omni-Directional 200mmTravl Tire-Vgr5-，将全向轮拖入到编辑区中，安装在钢轴上，如图9-111所示。

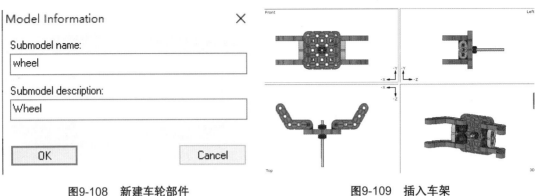

图9-108　新建车轮部件　　　　　　　　　图9-109　插入车架

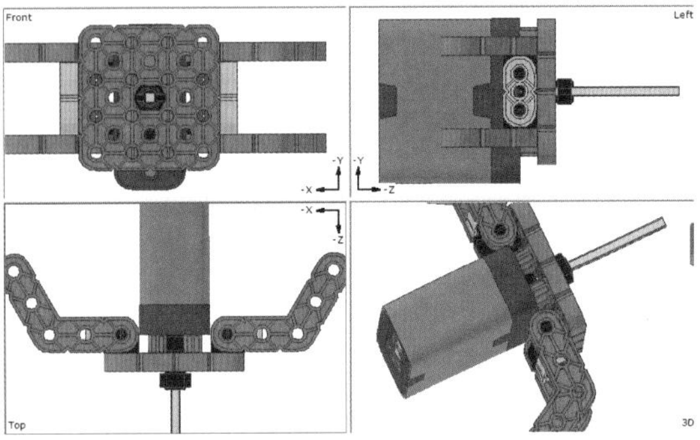

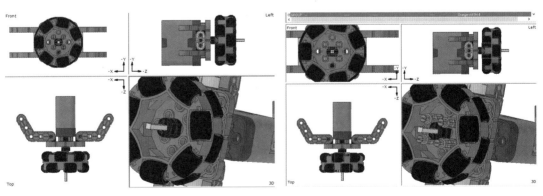

图9-110　插入车轮电机 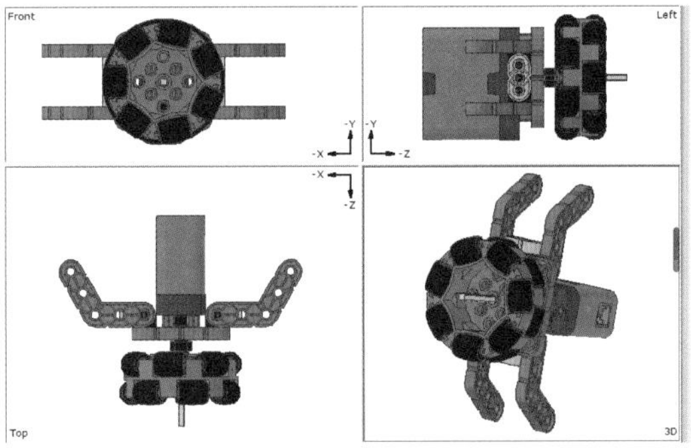　　　　　　　　　图9-111　安装全向轮

⑤ 安装2个橡胶套。选择VEX Axles & Spacers—VEX Rubber Axle Bush with Flat Sides-Vgr1-。将2个橡胶套分别固定在钢轴上，如图9-112所示。

⑥ 安装4个支撑柱。选择VEX Pins & Standoffs—VEX Pin Standoff 1M-Vgr3-，将4个支撑柱插在轮毂中，4个支撑柱组合在一起，组名为Orange-std-1M-4，如图9-113所示。

图9-112　安装橡胶套1　　　　　　　　　图9-113　安装支撑柱1

⑦ 安装1个2×2锁轴板。选择VEX Beams & Plates—VEX Beam 2 x 2 with Center Axle Hole-Vgr2-，将锁轴板拖入到编辑区中，旋转其方向与轮毂侧面平

行，然后将锁轴板插入到轴中，如图9-114所示。

⑧ 安装1个橡胶套。选择VEX Axles & Spacers—VEX Rubber Axle Bush with Flat Sides-Vgr1 -。将橡胶套固定在全向轮的外侧，如图9-115所示。

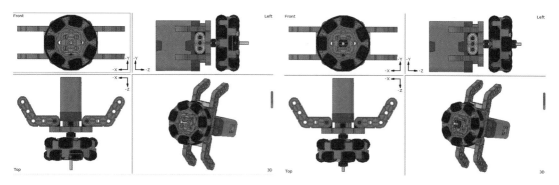

图9-114　安装锁轴板　　　　　　　图9-115　安装橡胶套2

⑨ 安装2个支撑柱。选择VEX Pins & Standoffs—VEX Pin Standoff 2M-Vgr3-，将2个支撑柱安装在2个60°弯梁的中间，用来加固上下两个弯梁，如图9-116所示。

⑩ 安装2个1×6的单孔梁。选择VEX Beams & Plates—VEX Beam 1x6 -Vgr2-，选择中等网格，将单孔梁旋转30°，再选择精细网格，将单孔梁与60°弯梁对齐，如图9-117所示。

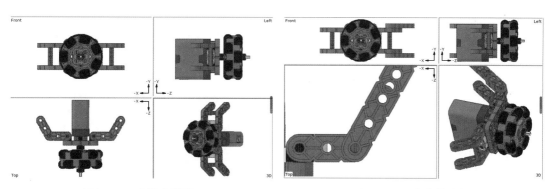

图9-116　安装支撑柱2　　　　　　图9-117　安装单孔梁

⑪ 安装4个销。首先设置网格为粗糙网格，选择VEX Pins & Standoffs—VEX Pin 1M 1x1-Vgr3-，将销拖入到编辑视图中。选择精细网格，将销插在连接孔中，如图9-118所示。

⑫ 安装4个销。首先设置网格为粗糙网格，选择VEX Pins & Standoffs—VEX Pin 1M 1x1-Vgr3-，将销拖入到编辑视图中。选择精细网格，将销插在连接孔中，用来固定另外一个轮系，如图9-119所示。

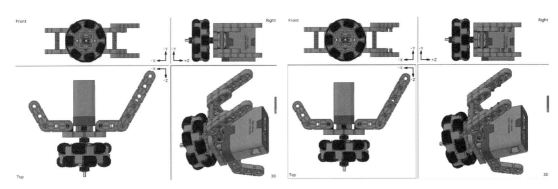

图9-118　安装销1　　　　　　　　　　　　　图9-119　安装销2

9.3.5　搭建三轮全向移动底盘并组装成机器人

① 新建三轮全向移动底盘部件。选择Multipart—New Model，如图9-120所示，文件命名为move。

② 插入1个车轮。选择Document—Wheel，放置如图9-121所示。

③ 再插入1个车轮。选择Document—Wheel，选择中等网格，将车轮转到合适的角度，再选择精细网格与前一个车轮准确安装在一起，如图9-122所示。

④ 复制第2个车轮，选择中等网格，将车轮旋转到合适位置，选择精细网格，将其与另外两个车轮准确安装在一起，如图9-123所示。

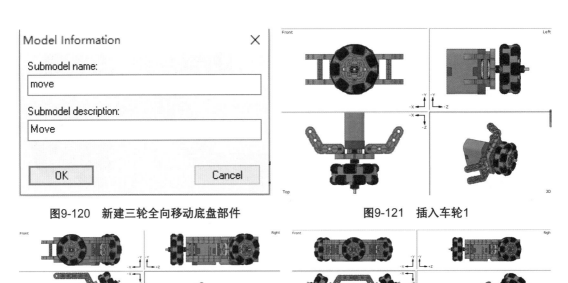

图9-120　新建三轮全向移动底盘部件　　　　图9-121　插入车轮1

图9-122　插入车轮2　　　　　　　　　　　　图9-123　复制车轮

⑤ 隐藏第3个轮子，插入一个角连接器。选择VEX Connectors—VEX Connector corner 1x1x1 -Vgr4-。选择精细网格，将俯视图（Top）切换为仰视图（Below），准确安装角连接器，如图9-124所示。

⑥ 显示所有的轮子，再插入一个角连接器。选择VEX Connectors—VEX Connector corner 1x1x1 -Vgr4-。选择精细网格，将仰视图（Below）切换为俯视图（Top），通过三视图之间的关系，准确安装右角连接器，如图9-125所示。

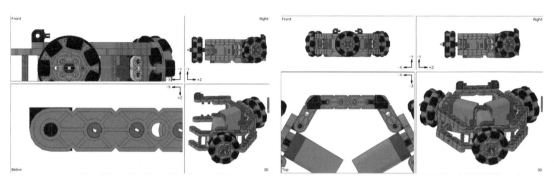

图9-124　安装角连接器　　　　　　　　图9-125　安装右角连接器

⑦ 安装两个单孔连接。选择VEX Connectors—VEX Connector 1 Wide Base 1x1.5 -Vgr4-。选择精细网格，将两个橘色单孔连接安装在车体上，用来固定主控制器，如图9-126所示。

⑧ 安装两个柱销。选择VEX Pins & Standoffs—VEX Pin 1M 1x1-Vgr3-，将柱销拖入到编辑视图中，插在橘色连接上，如图9-127所示。

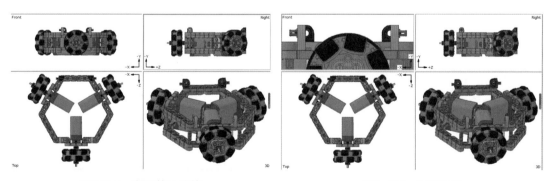

图9-126　安装单孔连接　　　　　　　　图9-127　安装柱销

⑨ 安装控制器。选择Document—Controler，将控制器拖入到编辑视图中，如图9-128所示。

⑩ 连接数据线。端口1、端口7、端口12分别连接一个电机，保存模型，如图9-129所示。

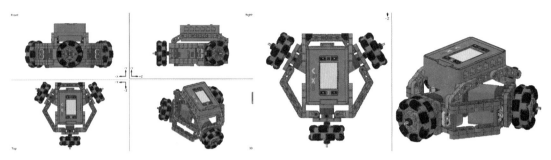

图9-128 安装控制器 　　　　　　图9-129 连接数据线

9.4 四轮全向机器人

搭建如图9-130所示的四轮全向机器人。

图9-130 四轮全向机器人

9.4.1 搭建控制器

① 新建主控制器部件。选择主菜单Multipart—New Model，如图9-131所示，文件命名为controler。

② 插入控制器。选择VEX Control System—VEX Robot Brain with Battery and 2.4GHz Radio Module -Vgr7-，如图9-132所示。

③ 安装4个支撑柱。选择VEX Pins & Standoffs—VEX Pin Standoff 1M-Vgr3-。将4个支撑柱分别插在控制器上。将4个支撑柱组合，组名为Yellow-Sta-0.5M-4，如图9-133所示。

④ 安装4个销钉。选择VEX Pins & Standoffs—VEX Pin 1x1M-Vgr3-。将4个

销钉分别插在控制器上。将4个销钉组合，组名为Blue-Pin-4，如图9-134所示。

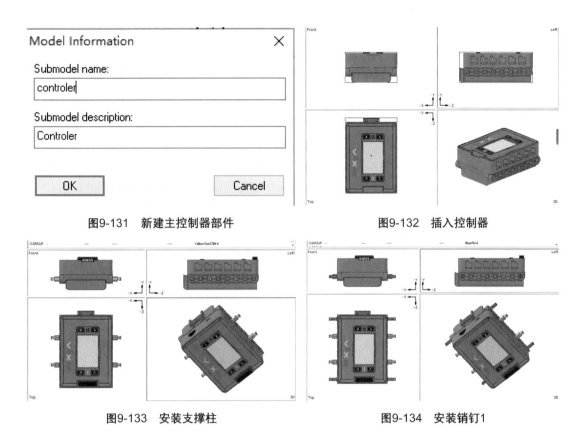

图9-131 新建主控制器部件 　　　　　图9-132 插入控制器

图9-133 安装支撑柱 　　　　　　　图9-134 安装销钉1

⑤ 安装4个L形梁。选择VEX Beams & Plates—VEX Beam Bent 90 5x3-Vgr2-。将4个L形梁固定在控制器上。将4个L形梁组合，组名为L-4，如图9-135所示。

⑥ 安装2个1×14单孔梁。选择VEX Beams & Plates—VEX Beam 1x14-Vgr2-。将2个单孔梁固定在L形梁上，如图9-136所示。

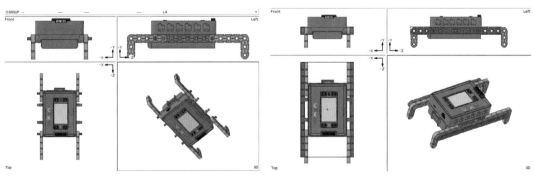

图9-135 安装L形梁 　　　　　　　图9-136 安装单孔梁

⑦ 安装4个销钉。选择VEX Pins & Standoffs—VEX Pin 1x1M-Vgr3-。将4个销钉分别插在控制器上。将4个销钉组合，组名为Red-Pin-4，如图9-137所示。

⑧ 安装4个单孔连接件。选择VEX Connectors & Standoffs—VEX Connectors 1 Wide Base 1x1.5-Vgr3-。将4个连接件分别固定在L形梁上。将4个连接件组合，组名为con-1.5-4，如图9-138所示。

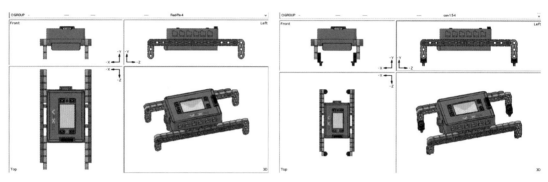

图9-137　安装销钉2　　　　　　　　　图9-138　安装单孔连接件

9.4.2　搭建轮系

① 新建轮系部件。选择Multipart—New Model，如图9-139所示，文件命名为wheel。

② 插入1个1×8单孔梁。选择VEX Beams & Plates—VEX Beam 1x8-Vgr2-。将单孔梁放置在视图编辑区，如图9-140所示。

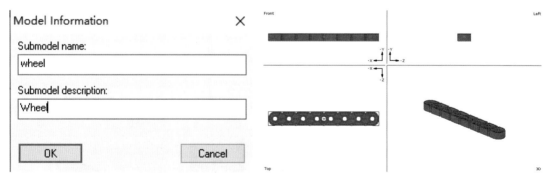

图9-139　新建轮系部件　　　　　　　图9-140　插入单孔梁

③ 安装2个45°弯梁。选择VEX Beams & Plates—VEX Beam 45 3x3-Vgr2-。将2个45°弯梁与1×8单孔梁放置在一起，如图9-141所示。

④ 安装4个销钉。选择VEX Pins & Standoffs—VEX Pin 1x1M-Vgr3-。用4个销钉将单孔梁和45°弯梁连接在一起。将4个销钉组合，组名为Red-Pin-4，如图9-142所示。

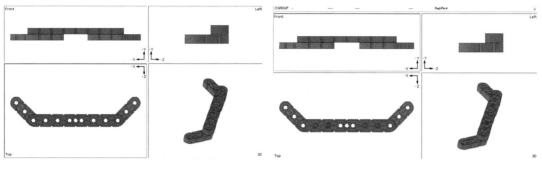

图9-141　安装45°弯梁　　　　　图9-142　安装销钉1

⑤ 安装2个加长销钉。选择VEX Pins & Standoffs—VEX Pin 1x1M-Vgr3-。将2个加长销钉拖拽到编辑视图中，再选择VEX Pins & Standoffs—VEX Pin Joiner 1M-Vgr3-，用销连接器将2个销钉连接在一起，组合为Red-long-Pin，将两个加长销钉一端插入到45°弯梁的中间孔中，如图9-143所示。

⑥ 对称复制2个45°弯梁、1×8单孔梁和4个短销钉，安装在加长销钉的另一端，如图9-144所示。

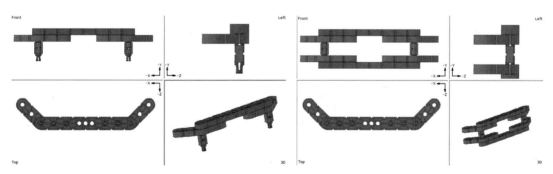

图9-143　安装加长销钉　　　　　图9-144　复制45°弯梁、单孔梁和短销钉

⑦ 安装1个三孔连接件。选择VEX Connectors & Standoffs—VEX Connectors 2 Wide Base 2x1.5 Tab -Vgr3-。安装位置如图9-145所示，用来固定电机。

⑧ 安装3个销钉。选择VEX Pins & Standoffs—VEX Pin 1x1M-Vgr3-。将3个销钉插入到三孔连接件上。将3个销钉组合，组名为Red-Pin-3，如图9-146所示。

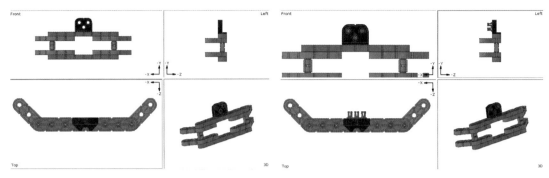

图9-145　安装三孔连接件　　　　　　图9-146　安装销钉2

⑨ 安装电机。选择VEX Controller System—VEX Smart Motor-Vgr3-。将电机安装在三孔连接件上，如图9-147所示。

⑩ 安装4个支撑柱。选择VEX Pins & Standoffs—VEX Pin Standoff 1M-Vgr3-。将4个支撑柱分别插在电机上。将4个支撑柱组合，组名为Yellow-Std-4，如图9-148所示。

⑪ 安装1个钢轴。选择VEX Axles & Spacers—VEX Axle 5M Metal Vgr3-。将钢轴插在电机上，如图9-149所示。

⑫ 安装1个橡胶套。选择VEX Axles & Spacers—VEX Rubber Axle Bush with Flat Sides-Vgr3-。将橡胶套套在电机上，固定钢轴，如图9-150所示。

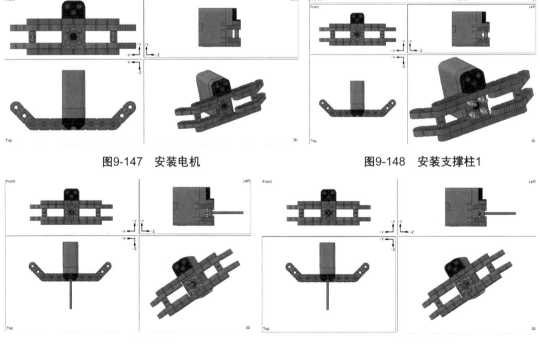

图9-147　安装电机　　　　　　　　图9-148　安装支撑柱1

图9-149　安装钢轴　　　　　　　　图9-150　安装橡胶套1

⑬ 安装1个2×2锁轴板。选择VEX Beams & Plates—VEX Beam 2x2 with Center Axle Hole-Vgr3-。将锁轴板固定在支撑柱上，固定电机轴，防止电机轴脱落。如图9-151所示。

⑭ 安装1个垫圈。选择VEX Beams & Plates—VEX Axle Spacer 0.25M-Vgr3-。将垫圈插在电机轴上，减小全向轮与板之间的摩擦力，如图9-152所示。

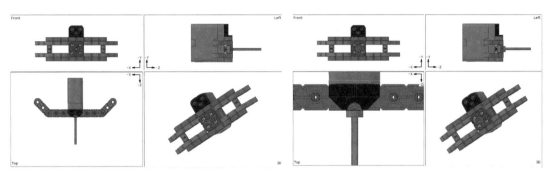

图9-151　安装锁轴板1　　　　　　　图9-152　安装垫圈

⑮ 安装1个全向轮。选择VEX Wheels & Tires—VEX Wheel Omni-Directional 200 mm Travel-Vgr5-。将全向轮插在电机轴上，如图9-153所示。

⑯ 安装2个橡胶套。选择VEX Axles & Spacers—VEX Rubber Axle Bush with Flat Sides-Vgr3-。将2个橡胶套套在电机上，固定电机轴，如图9-154所示。

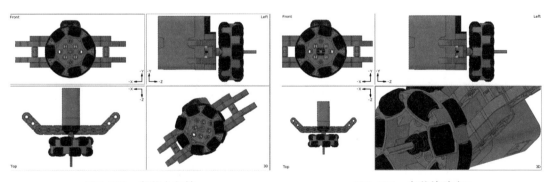

图9-153　安装全向轮　　　　　　　图9-154　安装橡胶套2

⑰ 安装4个支撑柱。选择VEX Pins & Standoffs—VEX Pin Standoff 1M-Vgr3-。将4个支撑柱分别插在电机上。将4个支撑柱组合，组名为Red-Sta-4，如图9-155所示。

⑱ 安装1个2×2锁轴板。选择VEX Beams & Plates—VEX Beam 2x2 with

Center Axle Hole-Vgr3-。将锁轴板固定在支撑柱上，如图9-156所示。

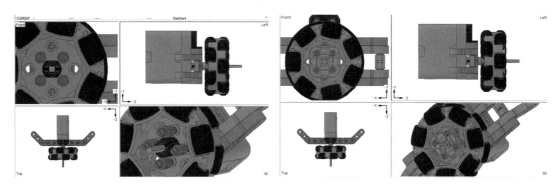

图9-155　安装支撑柱2　　　　　　　　　图9-156　安装锁轴板2

⑲ 安装1个橡胶套。选择VEX Axles & Spacers—VEX Rubber Axle Bush with Flat Sides-Vgr3-。将橡胶套套在全向轮外侧，如图9-157所示。

⑳ 安装4个轮子。选择Document—Wheel。将4个轮子如图9-158所示排列。

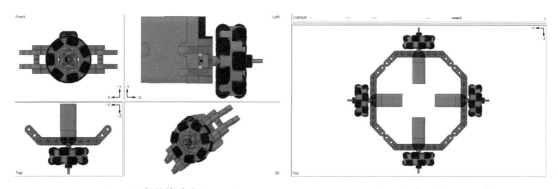

图9-157　安装橡胶套3　　　　　　　　　图9-158　安装4个轮子

㉑ 安装16个销钉。选择VEX Pins & Standoffs—VEX Pin 1x1M-Vgr3-。将16个销钉插入到45°弯梁上。将16个销钉组合，组名为Pin-16，如图9-159所示。

㉒ 安装4个1×4单孔梁。选择VEX Beams & Plates—VEX Beam 1x4-Vgr2-。用这4个单孔梁将4个车轮连接在一起。将4个单孔梁组合，组名为Yellow-4，如图9-160所示。

㉓ 将俯视图（Top）更改为仰视图（Below），复制16个销钉、4个黄色单孔梁并安装，安装位置如图9-161所示。

㉔ 安装主控制器。选择Document—Controler，将主控制器安装在4轮全向移动底盘上，安装位置如图9-162所示。

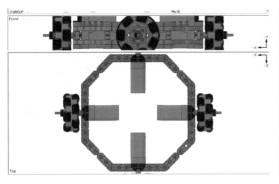

图9-159　安装销钉3

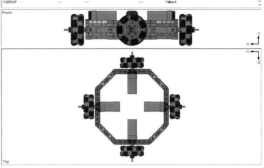

图9-160　安装单孔梁

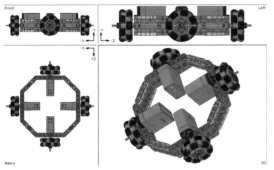

图9-161　复制销钉和单孔梁并安装

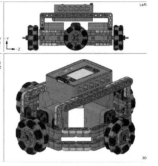

图9-162　安装主控制器

㉕ 连接数据线。端口1、端口7、端口12和端口6分别连接4个电机，完成图如图9-163所示。

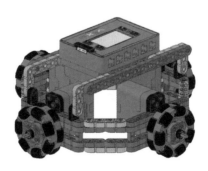

图9-163　四轮全向机器人完成图

9.5 扫地车

9.5.1 搭建控制器

9.5.2 搭建电机部件

9.5.3 搭建左轮

9.5.4 搭建右轮

9.5.5 搭建扫头

9.5.6 搭建扫地部件

9.5.7 搭建扫地车

微信扫码
扫码获取"扫地车"
搭建案例

9.6 赛车

9.6.1 全向轮

9.6.2 电机

9.6.3 左轮系

9.6.4 右轮系

9.6.5 底盘

9.6.6 射门齿轮

9.6.7 射门齿轮传动

9.6.8 射门杆

9.6.9 射门机构

9.6.10 滚轮

9.6.11 吸球器

9.6.12 吸球挡板

9.6.13 右吸球齿轮传动

9.6.14 左吸球立柱

9.6.15 吸球机构

9.6.16 机械臂

9.6.17 机械臂齿轮传动

9.6.18 搭建赛车

微信扫码
扫码获取"赛车"
搭建案例

附录：搭建赛车常用零件

　　以下零件为搭建赛车常用零件，读者搭建时从零件库中选择对应零件。

　　① 控制器。选择VEX Control System—VEX Robot Brain with Battery and 2.4GHz Radio Module -Vgr7-。

　　② 电机。选择VEX Control System—VEX Smart Motor-Vgr7-。

　　③ 全向轮。选择VEX Wheel & Tires—VEX Wheel Omni Directional 200 Travel -Vgr5-。

　　④ 钢轴。选择VEX Axles & Spacers—VEX Axle 6M Metal-Vgr1-。

　　⑤ 塑料轴。选择VEX Axles & Spacers—VEX Axle 3M Plastic with End Stop -Vgr1-。

　　⑥ 橡胶套。选择VEX Axles & Spacers—VEX Rubber Axle Bush with Sides -Vgr1-。

　　⑦ 垫圈。选择VEX Axles & Spacers—VEX Spacer 0.25 M-Vgr1-。

　　⑧ 垫片。选择VEX Axles & Spacers—VEX Axle Washer-Vgr1-。

　　⑨ 销。选择VEX Pins & Standoffs—VEX Pin 1M 1x1 -Vgr3-。

　　⑩ 支撑柱。选择VEX Pins & Standoffs—VEX Pin Standoff 1M-Vgr3-。

　　⑪ 宽板。选择VEX Beams & Plates—VEX Plate 4x12 -Vgr2-。

　　⑫ 双格板。选择VEX Beams & Plates—VEX Beam 2x4-Vgr2-。

⑬ 单孔梁。选择VEX Beams & Plates—VEX Beam 1x14-Vgr2-。

⑭ L形梁。选择VEX Beams & Plates—VEX Beam Bent 90 5x3-Vgr2-。

⑮ 锁轴板。选择VEX Beams & Plates—VEX Beam 2x2 with Center Axle Hole -Vgr2-。

⑯ 角连接器。选择VEX Connectors—VEX Connector Corner 2x2x1 -Vgr4-。

⑰ 连接器。选择VEX Connectors—VEX Connector 2 Wide Base 2x2 Tab -Vgr4-。

⑱ 双头连接器。选择VEX Connectors—VEX Connector Double 2 Wide Base 2x2 Tab-Vgr4-。

⑲ 链轮。选择VEX Gears & Motion—VEX Sprocket Wheel 16 Tooth -Vgr6-。

⑳ 齿轮。选择VEX Gear & Motion —VEX Gear 36 Tooth-Vgr6-。